MORE THAN JUST WATER

多喝水
並不會令你健康

非凡出版

香港首席品水師——李冠威 著

chapter 3

生活日常喝水貼士

chapter 4

破解水的謬誤

序言

水看似簡單，但只要細心研究，一滴滴晶瑩剔透的水，其實絕不像表面般簡單，當中蘊含了很多學問和知識。很多人會對品水師這個專業有疑問，對「品水」一詞沒有概念。水不是無色無味的嗎？水都可以品？究竟品水師的工作是做甚麼呢？

記得在 2017 年，剛取得國際認可品水師專業資格後，成為了香港史上的第一位品水師。香港從來沒有出過品水師，可能因為「品水師」這銜頭夠特別，又有新鮮感，傳媒對「品水師」都很感興趣，當時有不同的媒體都邀約我做訪問，不乏報紙、雜誌、電視台、電台、網媒等等的採訪和報道。記得當時大眾看到「品水師」的報道，都頗有回響，有些人對這個專業完全沒有認知，摸不着頭腦，有些人更表達不認同。「水就是水有甚麼好品」、「騙徒手法層出不窮」、「吃飽飯沒事幹」，認為品水師是「裝模作樣」、「裝神弄鬼」，甚至有人稱自己是「品空氣師」。

另外有些人認為，品水師單憑舌頭，就可以品嚐出水的礦物質、重金屬、微生物、細菌、病毒等等的含量。這有點神化了品水師的舌頭。而這些事情，讓機器去做就可以了，不需要用品水師的舌頭，而品水師的舌頭亦沒可能比機器更精準。

當時看到大眾的這些回響後，感受很深，心情相當難受和複雜。難受不是因為大眾對品水師的不認同，而是不明白香港作為國際大都會，經濟發展蓬勃，中西文化薈萃，以文明社會聞名於世，可是大眾對水的認識卻相當貧乏。我很想改變這個狀況，希望可以幫助香港人真正認識水，希望為香港帶來一些改變。成為品水師後，我學習到很多關於水的知識。眼見大眾對水存在很多誤解，我覺得不應該收藏所學到的知識，應該將知識與大眾分享。

我認為這是品水師的天職，也是我的使命，是品水師必需履行的責任。而且我是香港歷史上的第一位品水師，這事如果我不去做，也不能期望其他人會去做了。於是，我硬着頭皮，在 2018 年辭去銀行主管工作，結束超過十年的銀行工作生涯，創業當一個全職的品水師，向公眾灌輸正確的知識，推廣水文化。

但是，究竟要怎樣才可以做好品水師這工作呢？在剛開始創業時，我完全摸不着頭腦，在我之前，香港從來沒有前人當過品水師，沒有前車可鑑。當時花了很多時間摸索，當然也有參考西方國家的品水師職能，但發覺那一套模式不能在香港應用。例如，西方國家一些知名的酒店和餐廳會聘請專業品水師，為客戶推薦合適的礦泉水佐配用餐，這形式和香港高級餐廳的品酒師差不多。另外，西方國家也有高級餐廳聘用品水師，因應餐廳的菜色、風格、品味要求、客戶喜好等因素，為餐廳設計獨有的水菜單 (Water Menu)。西方國家也有出產礦泉水的水廠，需要聘用品水師，從事品質監控、培訓團隊、市場推廣及營銷等等的工作。而上述西方國家的品水師的職能，目前在香港都不適用，所以在香港並沒有這些業務板塊，變相發展機會和空間也相對較少，加上香港的市場規模較小，市場成熟程度亦不足，在香港要走品水師這條路比起西方國家較難行。

在創業初期，業務收入的主要來源是進口及銷售礦泉水。為了配合品水師的專業，公司只會進口高質素的礦泉水。高質的礦泉水品牌來貨價自然不便宜，加上一箱一箱的礦泉水體積大、重量大，倉儲及運輸物流成本也相應很高。一般來說大眾認為水是免費的，打開水龍頭就可以免費得到，不太願意花錢買水，所以水在香港的售價不能定得高。花費幾十元買一杯咖啡是等閒事，但買一支水就覺得不值了，對貴價水的消化力很低。在成本負擔重和定價不能高的限制下，利潤空間所剩無幾，這行業本身已經十分困難。

記得我在 2018 年底創業，2019 年隨即發生社會運動。當時社會氣氛很差，大眾沒心情消費，一段長時間都沒有收到訂單。還記得好不容易等到了一張訂單了，但因為示威者佔領交通要道，道路堵塞導致無法送貨。另一方面我又不想失去得來不易的訂單，最後決定自己推手推車坐地鐵送貨。還記得當時被地鐵職員告誡，要注意攜帶大型物件的限制，幸好他願意通融，最終也算是「順利」完成送貨。香港的社會運動持續了好幾個月，及至 2020 年，席捲全球的新冠肺炎疫症來到香港，為了防止疫症擴散，香港政府推行嚴格的社交管控措施，實施「限聚令」，餐廳晚上 6 點後禁止堂食，健身中心、美容院、酒吧、夜店等一律禁止營業。作為他們的供應商，公司的業務大受打擊。疫情就這樣持續了三年。到了 2022 年，香港出現移民潮，很多得來不易的客戶離開香港，移民到英國、澳洲、加拿大等地，公司也因此直接失去了很多個體客戶。這些接二連三的外圍環境影響，令公司業務雪上加霜。

雖然有幸走過了社會運動、疫情、移民潮等難關，在香港當品水師這條路仍是相當漫長和難行。由於市場的成熟程度不足，需要由教育大眾開始做起。而教育大眾的工作，需要花耗很多時間和心機。雖然路是漫長難行，但無論如何我會一直走下去，因為這是我選擇的路，是我喜歡的路，是我認為對的路。

關於水安全的事件，時有發生，特別在 2015 年，食水管重金屬超標導致食水含鉛事件曝光後，大眾對水安全及衞生的問題愈來愈注重。在市場的需求帶動下，令簡單的一滴水也衍生龐大的商機，各式各樣關於水的產品紛紛在市場湧現。商家們都制定營銷策略，多層面、多渠道宣傳和推廣產品，甚至動用醫生、營養師等的專業意見，市場充斥關於水的資訊。可是，當中有部分解釋不清，甚至有誤導和不實的情況，然後不實的資訊一傳十、十傳百，輾轉相傳，像病毒般快速散布。眼見普羅大眾對水存有誤解，所以決定寫書，教育大眾正確認識水，希望可以將我所學到的、領略到的宣揚開去，傳承下去，為推廣水文化出一分綿力。這書是以接地氣的寫作方式，分享與水相關的正確知識，希望可以令讀者容易理解，並在日常生活當中應用得到。

前　言

認識品水師

相比起品酒師、茶藝師、咖啡師，品水師可以說是一門新興的專業。每當我介紹自己是一位品水師時，別人總是會目定口呆的望着我，彷彿我是來自外太空的生物。他們的表情已經清楚的告訴我，他們完全無法理解「品水師」是甚麼一回事。雖然品水師這行專業對一般人來說很難想像，按照字面的意思，品水師就是品評水的專業人士，但無色無味的水可以如何去品評呢？真的有品水這回事嗎？

半桶南零水的典故

其實，品水並不是甚麼新奇的事，在中國的歷史上也有品水能力相當出眾的人物，例如人稱「茶聖」的陸羽。根據唐代的政治家張又新在其著作《煎茶水記》的記載，宗親李季卿在淮揚遇見陸羽，一向傾慕「茶聖」之名，便與陸羽同行。當到達揚子驛，準備要吃飯的時候，李季卿說：「陸先生以精於茶道而聞名於世，而大臣劉伯芻稱揚子江的南零水是天下第一水，今天這裏正好有天下第一茶道和天下第一水，這千年一遇的機會絕不可以錯過。」隨即命令軍士攜水桶划船到南零去取水。正當陸羽在準備茶具之際，軍士取水回來了，陸羽品嚐了一口，然後說：「這不是南零水。」取水的軍士說：「我划船深入南零去取水，沿途遇見上百人，他們都可以為我做證，我哪會欺騙你。」陸羽默不作聲，將水桶的水倒去一半，然後說：「從這往下的水才是南零水。」取水的軍士十分吃驚，立即跪下說：「我從南零攜水回來時，因為船身搖晃，水弄灑了一半，我怕水太少，便加了江岸邊的水，將水桶裝滿。」李季卿和隨從軍士對陸羽品鑑水的能力大感驚歎，這就是「半桶南零水」的典故。

以品水師的角度來分析，單單品嚐一口，便知道南零水只有半桶，其實不太可能。首先，兩種水混在一起，會結合成一種全新的味道。這種全新的味道，或許保留了部分南零水的特質，陸羽再厲害最多也只能結論南零水中混合了其他的水，並不可能準確地判斷出南零水的含量只有半桶。另外，就當水的味道可以分開半桶是岸邊水、半桶是南零水，那麼岸邊水是後加的，位置在桶的上半部分。陸羽喝的那口水，正常是在桶的最上部分取水，那部分的水是岸邊水。他不會伸手拿桶的中間位置的水，因為會弄濕手和衣服，在李季卿面前也顯失禮。所以，如果水的味道分開上、下半桶，陸羽只會喝到上半桶的岸邊水，他不會喝到下半桶的南零水，更遑論能夠道出南零水只有半桶。

當然，我對陸羽的品味能力沒有懷疑，相信他能夠品嚐到水的味道不對勁。我只是對能判斷出只有半桶是南零水感到疑惑。如果半桶南零水的記錄是真確無誤，我估計陸羽是有故弄玄虛的。首先，隨從軍士長途跋涉去南零取水，路途顛簸，水一定會被弄灑掉，相信他對隨從軍士能攜大桶水滿載而歸，產生了合理懷疑。另外，南零水純淨，而岸邊水或多或少含有雜質，相信陸羽觀察到水中有雜質。最後品嚐一口味道，就可以確定不完全是南零水，從而推敲出隨從軍士的舉動。當然，這只是我的推測，無論如何，陸羽肯定是個品水大師。

那麼，回到現代，品水師的工作是做甚麼呢？其實只要細心想想，日常生活中在甚麼情況下會用到水，對品水師的工作便可以推敲出一二。總括而言，品水師的主要工作是在日常生活用到水的各個範疇，為不同的人士配對和推薦適合他們個人的水。例如改善健康、沖煮嬰兒奶粉、泡茶和咖啡、寵物飲用、美容、烹調甚至灌溉等，究竟用甚麼水會比較合適呢？品水師會找出合適的水並提出建議。

品水師的職能 —— 健康指導

現代社會物資豐盛，三餐溫飽基本已不成問題，追求健康成為大勢所趨，大眾普遍認同水對健康十分重要，要健康就要多喝水。水對健康的確有很直接的影響，市面上有各式各樣的水，例如自來水、蒸餾水、礦物質水、過濾水、礦泉水、山泉水、冰川水等等，這些水具體有甚麼分別呢？喝哪種水對自己的健康才有幫助？其實很多人都不知道，更準確的說法是，可能根本沒有去想過這個問題。很多人認為水就是水，只有乾淨不乾淨的分別，喝了能解渴，可以補充水分和維持生命，喝下去不會肚子痛便可以了，自然不會去想飲哪種水適合自己，或有甚麼健康助益這些問題了。

其實，每個人的年齡、性別、身體狀況、日常活動、飲食喜好、工作性質、生活環境等等都不同，而基於這些因素，身體的發展也會有差異，形成了個人的體質。體質是個人的，每個人的體質都不同，世界上不會找到體質完全相同的人。由於體質的不同，每個人的消耗都會有所不同。當每個人的消耗不同，每日需要補充的礦物質和水分，自然也是因人而異了。當消耗沒有得到適當的補充時，身體便會發出警號，出現一些失調的狀況，例如精神緊張、失眠、肌肉繃緊、排便問題等等。品水師的其中一個重要工作，便是因應不同人士的個人狀況，尋找及建議適合個人的飲用水，協助他們認識自己的身體所需，補充所需。

品水師的職能 —— 食物配對

品水師也會用水做餐飲和食物的配對，這點和大家熟悉的品酒師頗為相似，在西方國家也比較流行。水是有味道的，不同礦物質含量的水，味道差異可以很大，而且有氣泡水和無氣泡水的分別，在配對不同的食物時，可以有不同的組合和變化，例如配對沙律、蔬菜、海鮮、肉食、甜品等等，用以配對的水都會不同。另外，就算是同一種食材，用不同的烹煮方法，所配對的水也會不同，例如配對魚生、蒸魚、炸魚所用的水都不一樣。只要懂得選擇，用不同的水配合用餐，可以提升用餐的體驗。

隨着社會的發展進步，大眾對享受、生活品味的要求愈來愈高，對追求健康的意識也日漸增強，很多人開始避免飲用含有酒精或糖分的飲品，用餐時也會選用礦泉水佐配，對餐桌用水的要求也日漸提高，這情況在西方國家更為明顯，甚至出現一些聘有駐場品水師的餐廳，設計水菜單 (Water Menu)，根據餐廳的菜色、風格、目標客戶群等因素，挑選相配的礦泉水。也有專售世界各地礦泉水的餐廳。

品水師的職能 —— 用水建議

泡茶和咖啡，選用合適的水是一門高深的學問。水對茶和咖啡太重要了，選用合適的水，可以有效地把茶葉和咖啡豆的特徵、味道萃取及呈現在茶和咖啡之中。相反，如果用了不合適的水來沖煮，會干擾茶葉和咖啡豆的萃取，令茶葉和咖啡豆本身的特徵、味道不能有效地呈現，降低了茶和咖啡的質素。品水師會和茶藝師、咖啡師合作，為他們的茶葉和咖啡豆尋找和配對合適的水。另外，提高茶葉和咖啡豆的萃取，意味可以適量減少茶葉和咖啡豆的使用分量，也能夠泡製出高質素的茶和咖啡。而且，減少茶葉和咖啡豆的使用分量有時是必需的，因為當萃取提高但分量不變，可能反而會令茶和咖啡的味道變得太濃。所以，用上合適的水來沖煮可以減少茶葉和咖啡豆的使用量，品水師可以協助茶藝師和咖啡師提升使用茶葉和咖啡豆的效益，變相提升成本效益。

品水師也會按大眾在各個方面的需求，為他們建議合適的水，例如為家長建議沖製配方奶粉所用的水。選用合適的水沖製嬰兒配方奶粉，可以更有效地萃取和提煉奶粉中的營養到奶液之中。另外，品水師會應用礦物質之間相生相剋的原理，使水中的礦物質和奶粉中的營養素配合，達至提升嬰兒營養吸收的效果，有助嬰兒更健康成長。在中醫學的角度來說，配方奶粉屬燥熱，家長也會顧慮嬰兒有燥熱的問題，品水師也會建議使用礦泉水，中和配方奶粉的燥熱屬性，避免因燥熱引起嬰兒煩燥不安、容易哭鬧、睡不入眠、胃口變差、小便變黃、大便秘結、皮膚紅腫乾燥等情況。

品水師也會為寵物主人挑選適合不同種類的寵物飲用水。原來，寵物不喝水是不少主人面對的煩惱。寵物和大自然有一種連繫，而屬於純天然的礦泉水，較能吸引寵物去喝。但要留意，不是所有礦泉水都適合寵物飲用，特別是礦物質含量太高的礦泉水，未必適合寵物，稍一不慎用錯水，會增加寵物的身體負荷，反而會令寵物容易生病。所以，為寵物挑選飲用水要小心，不同種類的寵物在生理上對水的需求不一樣，活動量不一樣，消耗量也不一樣。例如懶洋洋的貓和好動的狗，身體的消耗一定是不一樣的，所需的礦物質和水分補充自然也是有所不同。

灌溉植物所使用的水，要講究起來也是十分複雜，當中有很多因素要注意。首先，要清楚植物本身所需要的礦物質營養，而不同品種的植物，所需要的礦物質營養也會有所不同。除了植物本身外，也要因應土壤的礦物質特性，挑選合適的礦泉水，這一點非常重要，因為我們澆水是在土壤，而不是在植物上，所以不能忽略土壤的礦物質吸收。澆水的時間也要注意，例如要盡量在早上澆水，為植物補充足夠水分與陽光進行光合作用，也要避免在烈日當空的中午澆水，因為水分會蒸發得快，減少植物可以吸收水分的時間。澆水的分量、次數等，也要留意，不同植物品種所需要的分量也不一樣。

品水師的職能 —— 項目諮詢及顧問

在商業層面上，品水師也會提供專業諮詢及顧問服務。例如，品水師對世界各地的水源有一定程度的認識，可以為有意投資水資源項目的投資者提供專業意見，按投資者的要求挑選合適的水源，並協助與水源持有人和品牌方接洽和交涉。品水師熟識行情，投資者無需擔心對方會開天殺價。另一方面品水師的專業亦較容易獲得品牌方的信任，有助促成交易。除此之外，礦泉水生產商也會聘用品水師，從事包括品質監控、制定營銷策略、培訓團隊及市場推廣等工作，確保產品質素及提升品牌價值。另外，品牌方也會和品水師合作執行品牌營銷策略，較常見的是邀請品水師出席品牌推廣和廣告活動，因為品水師的專業身分和形象，以及對品牌的認可，都可以提升消費者對該品牌的信心。

前言 2

認識 H_2O

看似簡單的一滴水，其實絕不簡單，單看水的組成，當中涉及很多複雜的化學知識。從水可以觀察到很多獨特的物理性質，自古以來令很多科學家為之着迷，而這些特性亦使得水可以用作多種用途。如何用科學的角度去解釋這些水的性質，一直以來都是科學家的命題。這部分的主要內容是解釋水的結構，當中涉及一些化學知識，我會盡量用簡單的詞彙描述，並多舉例子，希望令內容更容易理解。

水是宇宙中僅次於氫和一氧化碳的第三大豐富分子，在地球存在了約 40 億年，是地球表面最豐富的物質，也是地球上唯一可以以液態、固態或氣態形式存在的物質。液態稱為「水」、固態稱為「冰」或「雪」、氣態稱為「水蒸氣」。溫度是影響水的形態轉變的主要因素，當溫度足夠高時，冰會融化成水，水會蒸發成水蒸氣。相反，當溫度足夠低時，水蒸氣會凝結成水，水會凝固成冰。水本是無色、無味、無臭的，但某些種類的水往往會帶有味道，例如礦泉水，視乎水中所含的礦物質的種類和濃度，水會呈現出不同的味道，而味道的來源就是礦物質。

水的化學組成

科學家自 18 世紀在研究水的領域上有了重大的突破，英國科學家亨利・卡雲迪殊（Henry Cavendish）在 1781 年證明了水是由氧和氫所組成的，英國科學家威廉・尼科爾遜（William Nicholson）和安東尼・卡萊爾（Anthony Carlisle）在 1800 年證明了水可以電解為氫氣和氧氣，法國科學家約瑟夫・路易・給呂薩克（Joseph Louis Gay-Lussac）和德國科學家亞歷山大・馮・洪堡德（Alexander von Humboldt）在 1805 年證明了水是由兩份氫和一份氧組成，水的化學式因此被定義為 H_20，H 代表氫（Hydrogen），O 代表氧（Oxygen）。水也被稱作氧化氫（hydrogen oxide）或一氧化二氫（dihydrogen monoxide），但這些名字已經很少被使用。

「極性」是水的一個重要特徵，水是一種極性無機化合物，是從地球上無生命體中的化學物質所組成，而且物質是帶有正電荷（或陽離子）以及負電荷（或陰離子）。水分子的結構是以一個帶負電荷的氧原子為中心，與兩個帶正電荷的氫原子，通過共價鍵以約 104.5°

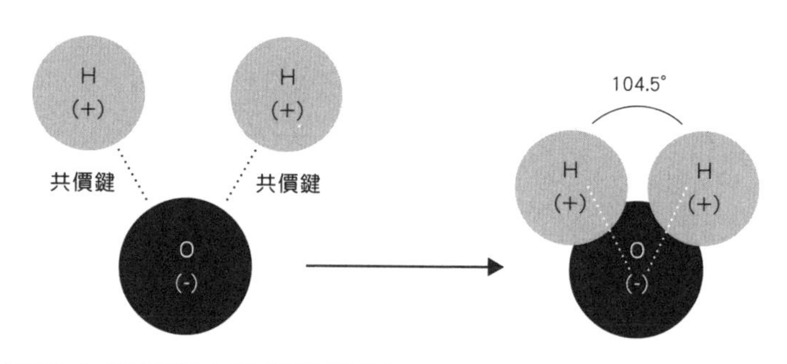

共價鍵連接住氧原子和氫原子

的弧角相連接組成的，形成一個 V 字形的水分子結構。

水分子之間的正、負電荷會產生強大的相互吸引作用，例如一個水分子帶正電荷的氫原子，會與其他水分子帶負電荷的氧原子相互吸引連接，生成氫鍵 (Hydrogen Bond)。

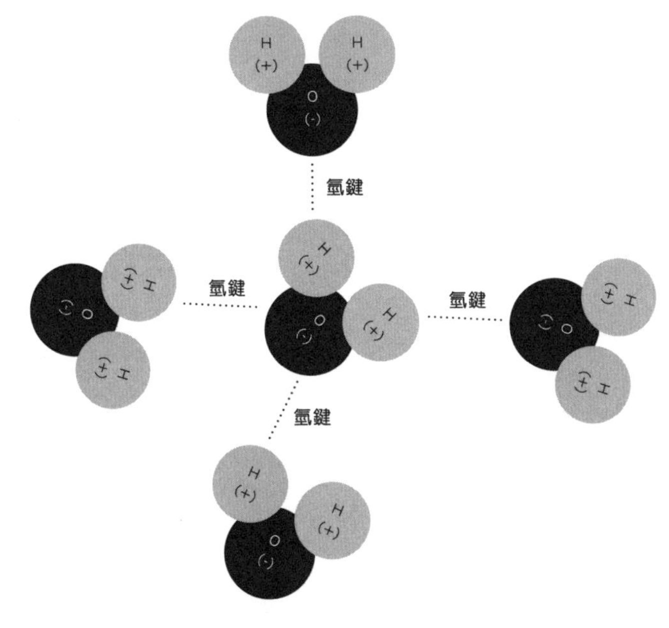

水分子互相吸引生成氫鍵

甚麼是氫鍵

水是由多個水分子通過多個氫鍵連接組成，而水分子和氫鍵的數量，更是多得難以量化。以一杯 300 毫升的水為例，水分子的數量便大約有 10 秭個之多。秭這個單位並不常用，對於秭究竟是多少，也許很多人都沒有概念。秭即是有 1 萬億個 1 萬億，如果以數學算式來表達，就是 10 的 24 次方，即是 1 後面有 24 個零，數量多到數之不盡。

氫鍵的形成是一個動態過程，水分子之間的氫鍵會不斷斷裂，然後與其他的水分子重新結合，形成新的氫鍵網絡，這過程不斷重覆發生。這種氫鍵結構賦予水很多獨特的物理性質，例如高溶解能力和高表面張力。另外，氫鍵也參與了人類 DNA 的結構組成，人類的 DNA 是由兩條螺旋狀結構的鏈組成，而這兩條 DNA 鏈是通過多個氫鍵相互連接在一起。氫鍵的強度適中，為 DNA 結構提供高穩定性，對 DNA 複製和傳遞遺傳訊息的功能起重要作用。

氫鍵與水的溶解力

水具有很高的溶解能力，例如可以將食物材料的味道和營養溶解成湯，也可以溶解茶葉、咖啡豆、奶粉甚至中藥材等成汁。另外，水可以將污垢溶解並分散在水中，所以水被廣泛用作清潔用途。而水的溶解力是來自氫鍵，當一些可被溶解的物質（或稱溶質）和水混合時，溶質被多個極之細小的水分子所包圍，水分子的電荷和溶質的電荷會相互吸引，形成氫鍵，並穿透溶質，將溶質在水中結合和溶解，這個過程稱為「水合作用」。以食鹽作例子，食鹽是由氯和鈉所組成，所以又稱氯化鈉，帶正極的鈉離子（Na+）和帶負極的氯離子（Cl-），被多個水分子包圍，並與水分子中的氫離子和氧離子相互吸引，通過氫鍵與水分子發生水合，在水中溶解。因此，水可以完全溶解食鹽。

所以，氫鍵使得水成為一種優良的溶劑，而持續將水攪拌可以促進氫鍵結構的動態斷裂和重組，有助提升水的溶解力，加速溶解溶質。另外，水在血液中可以溶解氧、營養物質和代謝產物等，是令多種細胞產生生物化學反應的重要媒介，因此水也稱做「生命溶劑」。

氫鍵與水的表面張力

除了溶解力外，氫鍵也賦予水高表面張力的特性。在液體的內部，每個水分子被四方八面的水分子包圍，並通過氫鍵互相牽引連接，形成強大的內部吸引力。而在表面層的水分子，由於水分子無法與表面層的空氣形成氫鍵，水分子只被下方的水分子生成的氫鍵吸引力向內拉扯，這種內聚的氫鍵吸引力使液體的表面形成一層就像拉長了的彈性膜，導致表面層的水分子產生一種彈性力量，阻止空氣滲透水分子的內部，這種彈性力量就是水的表面張力。

表面張力亦給予水某程度的承托力，例如水的表面可以承托細小的刀片或針頭，細小的昆蟲可以在水的表面行走，玩打水漂時有技巧地向水面投擲石頭，石頭會在水面彈跳，武俠小說中的輕功高手可以在水上健步如飛。另外，水的表面張力令水能夠形成水滴或水珠的形狀，加上水的極性，令到水的電荷與物件表面的電荷相吸引，形成一種黏附力，例如下雨天的雨滴可以黏附在樹葉和玻璃窗表面上。

水的表面張力和黏附力，使得水滴或水珠可以克服重力的影響，沿着細小的縫隙向上升，如果縫隙足夠細小，水甚至可以上升到 100

米或更高，這現象稱為毛細作用。所以，如果在水的上面放一張紙巾，水會沿着紙巾的縫隙向上升，令紙巾濕透。毛細作用在自然界中發揮重要的作用，例如植物是通過毛細作用，利用根部的細小孔洞吸取水分，並向上輸送到植物的各個部分。因為這個特性，灌溉時要在植物的根部附近澆水，而不是在植物的其他部分。

氫鍵與水的密度

此外，氫鍵與水的密度有密切的關係，尤其是在極度高温或低温的情況下，水的密度在氫鍵的影響會有所改變，令到水呈現特別的物理性質，例如高沸點。沸點是指足以令水由液態轉變為氣態的温度點，水的沸點是攝氏 100 度左右。水分子之間通過氫鍵連接形成穩定的網絡結構，當水受熱時，水分子會因吸收熱能而變得活躍，令水分子的活動頻率增加，水分子之間需要更多的活動空間，因此膨脹起來為水分子騰出空間，水的密度因此變低。然而，氫鍵網絡的牽引力會抑制水分子的活動，當水的温度逐漸上升，會令水分子活動不斷加劇，當水温達到攝氏 100 度左右，水開始沸騰，水分子的運動量變得相當劇烈，程度足以衝破並脫離氫鍵的束縛，轉化成氣態，蒸發成水蒸氣，融入空氣之中。因此，氫鍵使得水有高沸點的特性。

而在低温下，水的密度會發生非常特別的變化。低温使得水分子逐漸密集堆積，彷彿水分子之間要相擁取暖，空間開始收縮，變相令水的密度變高。水的冰點在攝氏 0 度左右，即水在攝氏 0 度左右開始結冰。然而，水的密度在攝氏 0 度並不是最高，而是在攝氏 4 度。水的密度在攝氏 4 度達到顛峰，當水溫進一步下降時，液態水開始凝固成冰，水分子會破壞氫鍵的束縛，形成冰晶的結構，令空間反而開始膨脹，也令水的密度變低。所以，水有一個特別的物理效應，就是熱脹冷也脹，因為高溫會破壞氫鍵，使水的密度下降，低溫也會破壞氫鍵，使水的密度下降。這個水的特性，為海洋生物在寒冷的冬季創造了生存契機。寒冷的天氣影響水面的水溫，當水溫下降到攝氏 4 度時，水的密度達到頂峰，水的對流作用帶動高密度攝氏 4 度的水分

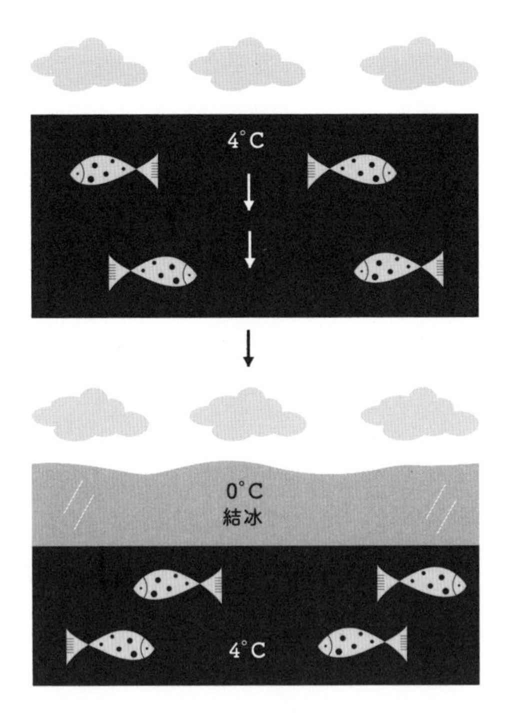

由水面開始結冰，生物才有空間生存

子，從水面下沉到水底，而水面的水溫持續下降到攝氏 0 度時，水面開始結冰，但密度較高、溫度較暖攝氏 4 度的水下沉並積聚在水底，繼續以液態水存在，使得海洋生物仍然可以在水底生存，不致被冰封和殺死。

水的這個性質十分奇妙，試想一下，如果水的密度頂峰不是在 4 度，而是攝氏 0 度，那麼攝氏 0 度的水分子會沉到水底，結冰便會變成由水底開始，再向上漫延到水面，最後全部的水都結冰，結果海洋生物都會被冰封而死清光。

1

藏在水裏的知識

chapter

市面上各式各樣的水如何分類？

我們的日常生活根本離不開水，無論是飲用、烹煮、梳洗、美容、清潔、灌溉等，每天在生活多個範疇都要用到水。市面上也出產了各式各樣的水，供消費者選擇。可是，在面對市面上五花八門的水時，很多人都不知道有甚麼具體分別，也不清楚甚麼水適合自己。例如有蒸餾水、礦物質水、過濾水、逆滲透水、礦泉水、山泉水、冰川水等等，種類繁多令人眼花繚亂，要能夠分辨清楚每款水的確不是件容易的事。而當中有些水的名稱更是容易令人混淆，例如礦物質水和礦泉水、冰川水和冰山水等，都是容易被混淆的。

水的基本分類

要懂得分辨不同種類的水，要從基礎開始，要先學懂水是如何分類。簡單來說，水主要分為兩大類，分別是淨化水 (Processed Water or Purified Water) 和天然水 (Natural Water)，然後再作細分。顧名思義，淨化水是指要經過不同的加工程序，例如蒸餾、過濾、消毒、殺菌等，經過加工處理以去除雜質才能使用的水，達到高規格的水安全 (Safety) 和衞生 (Hygiene) 程度是最終目的。至於天然水，是指從天然的水源取水並生產而成的飲用水，水質本身達到天然純淨 (natural purity) 是天然水的基本要求，所以生產過程無需進行太多的過濾、消毒、殺菌等的加工程序，以免破壞水的天然特質。而不同的國家或地方政府，對天然水，特別是礦泉水，會進行嚴格的審查和檢測，例如將出產後的礦泉水與水源地的原水作對比，確保出產後的水保持天然的成分、溫度和其他基本特徵，以及沒有添加任何其他物質。

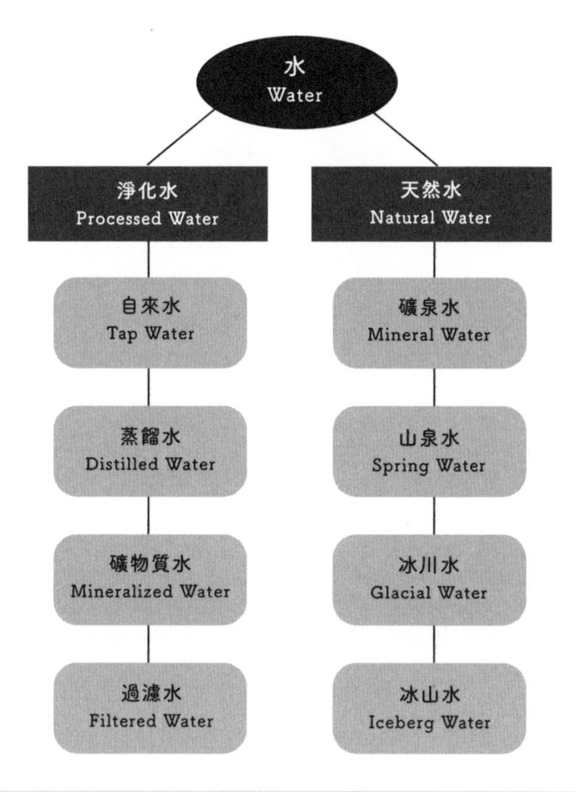

水的兩大分類

淨化水

Processed Water or Purified Water

自來水

即是我們常說的水喉水，水先經過水務署的濾水廠處理及消毒後，再經過引水系統將水引流接駁到大廈的供水系統，然後通過喉管入屋，經水龍頭出水供市民使用。香港的自來水約七成是來自廣東省的東江水，其餘的水則是來自儲存在香港 17 個水塘的水。

蒸餾水

原水是自來水，經過蒸餾工序生產而成的水。生產過程會先將水加熱至沸點，令水蒸發成水蒸氣，再將水蒸氣引入另一個容器。儀器會將水蒸氣冷卻凝固，還原成液態的水，再過濾到另一個容器，最後入樽生產成蒸餾水。生產蒸餾水的目的是去除水的其他物質，當原水被加熱蒸發時，水中的其他物質例如污染物、微粒、重金屬、甚至礦物質等，都會殘留在原來的容器中，不會被蒸發掉。所以，最後生產出來的蒸餾水是不含其他物質的純水。

礦物質水

原水通常是蒸餾水，再多加一個工序，添加食品級的礦物質添加劑，使得水含有礦物質，然後入樽生產成礦物質水。而礦物質含量的多寡，則視乎所添加的礦物質的分量有多少，但通常添加的分量不會多，以免礦物質的味道變得明顯，令水的味道喝起來古怪。

過濾水

原水是自來水，於水龍頭位置安裝濾水器，水經濾水器過濾後生產而成的水。時下過濾水的技術層出不窮，安裝帶有不同技術的濾水器，可以生產出不同種類的過濾水。例如，除了傳統單純的過濾水外，還有逆滲透水、鹼性水、活氫水、鑽石能量水等等，儘管這些水所標榜的功能略有不同，但在大體分類上都屬於過濾水。

天然水

Natural Water

礦泉水

雨水滲入山體內岩石層的隙罅，再慢慢流經多層岩石層，較常見的岩石層有花崗岩、石灰石、白堊石、白雲石、石膏石、大理石、鹽石等，最後水流進並儲存在地下深處的儲水處 (Aquifer)。過程中水會通過岩石層之間狹窄的隙罅，得到天然的過濾，並溶解及吸收岩石層的礦物質，這便是礦泉中的礦物質的來源。由於整個過程都是發生在山體及地殼的岩石層內，水一般不會接觸到地表上的雜質、微生物、污染物等，因此，水能達到天然純淨 (natural purity)。生產商在水源地設廠取水入樽，生產成礦泉水。礦泉水屬於地下水 (underground water) 。

山泉水

原水也是落在山體的雨水，與礦泉水不同的是，水並沒有滲透山體內的岩石層，而是沿山坡流過地表或山體淺層的儲水處，生產商在水源地設廠取水入樽，生產成山泉水。由於水主要在地表或山體淺層流動，並沒有太多時間和機會吸收岩石層的礦物質，所以山泉水的礦物質含量通常比礦泉水較低。山泉水普遍被認為較適合用來泡茶，正是因為水中礦物質不高，不會喧賓奪主，蓋過茶葉本身應有的味道。同時，適量的礦物質又可以與茶葉的味道產生協同。

冰川水

冰川區的冰融化後，融冰水沿地表流到儲水處，生產商在儲水處設廠取水入樽，生產成冰川水。冰川是由雪長年累月推移積累變成，因為雪普遍不含或只含有極微量的礦物質，所以冰川水的礦物質含量普遍也較低。不過，冰川融冰後，往往會經過數年或數十年時間才會流到儲水處，過程或會吸收地表土壤的礦物質，所以，儘管冰川本身不含礦物質，但融冰後生產而成的冰川水往往會含有一些礦物質。如果冰川水融化後滲入岩石層，經過岩石層滲透到地下儲水源，這便會定性為地下水 (underground water)，亦因此會被歸類為礦泉水。

冰山水

生產商駕駛破冰船前往冰山區，採集從冰山斷裂並浮在海面上的冰山塊，再將冰山塊運往水廠，採用特別的儀器清洗冰的表層、融冰、過濾消毒，最後入樽生產而成冰山水。冰山水的生產成本比較高，而且破冰船所能運載的冰山塊數量也有限，因此市面上冰山水的供應並不多，售價也會比較貴。由於冰山水的生產只會採集海面上的冰塊，這有助減少海面上浮冰的數量，從而減低因冰山融化而造成水位上升的影響。

在淨化水和天然水這兩大類目下，要分辨不同種類的水便會有了方向，為市面的水進行分類便會變得容易，分辨不同的水的本質也會變得明顯。而在香港，比較常見的淨化水有自來水、蒸餾水、礦物質水、過濾水，而天然水有礦泉水、山泉水、冰川水、冰山水等等，這些水的分別已在上頁表中簡單介紹。

容易被混淆的水

以上是各種水的分類和簡介。值得一提的是，當中有些種類的水極容易被混淆，例如礦物質水和礦泉水，以及冰川水和冰山水。礦物質水屬於淨化水，礦物質來源是人工添加食用礦物質，而礦泉水則屬於天然水，礦物質來源是溶解和吸收岩石層的礦物質。至於冰川水和冰山水，雖然兩者都是融冰水，但其實是有很大分別的。冰川水在冰融化後，需要一段時間才流到儲水源，過程會接觸地表的土壤，並吸收土壤所含物質，所以冰川水通常不是單純的融冰水，往往含有一些礦物質。而冰山水是用儀器融化原塊冰山後，立即將融冰水入樽，過程沒有接觸地面或吸收任何其他物質，是最原始、最單純的冰水，往往不含或只有極微量的礦物質。

無論是淨化水或天然水，地球上所有的水的來源都是天上的雨水。所以，遇到下雨天就不要再抱怨掃興、麻煩了，下雨天其實是一件值得感恩的事，如果沒有下雨天，我們便沒有水可用，到時連生存也成問題。

甚麼是最好的水

很多人會問一個問題，甚麼水是「最好」的水。在此必須要說清楚，無論是哪一種水，淨化水也好，天然水也好，沒有一種水可以作任何用途都比另一種水優勝。在不同的情景、場合、狀況下，都會用到不同種類的水。所以，我經常强調，沒有所謂「最好的水」，只有更「合適的水」，而視乎如何應用，這「合適的水」在不同情況下也會有所不同。將水分類，主要目的不是要定優劣、分高下，而是協助我們了解不同種類的水的特性，從而挑選「合適的水」。

水是大自然的禮物，根據聯合國兒童基金會 (UNICEF)，世界上約有 22 億人口沒有安全的食水飲用，這占全世界總人口大約四分之一，即是在世界上每四個人便有一個人沒有安全的食水飲用。他們為了喝一口乾淨的水，每天都要拿着水桶長途跋涉、攀山越嶺去城市拿取食水，而去拿取食水的通常是家中女性，為了要每天拿取食水，很多婦女和女童因此直接被剝奪了就業和上學機會。所以，有一口乾淨衞生的水喝已經是恩賜，我們應該懷着感恩的心看待食水、珍惜用水，也避免動輒對食水作不必要的批評。

總結：水主要分為淨化水 (Processed Water) 和天然水 (Natural Water) 兩大類，兩大類之下再細分為不同類別。

chapter 1 學懂分辨有氣水和梳打水

有氣飲品是很多人的心頭好，氣泡在口腔躍動，帶來煥然一新的感覺，尤其是在炎熱的夏天，喝冷凍的有氣飲品，冰凍的氣泡帶來冰爽的口感，特別有解渴的感覺，喝有氣飲品確是一件快事。而想喝有氣飲品卻又注重健康的人，不想攝取過多的糖分，往往會避免喝汽水，而選擇飲用零糖分、零卡路里的有氣水或梳打水。有氣水和梳打水，有些人認為是完全相同的飲品，只是叫法不同。有些人則認為是略有不同，但又說不出有甚麼不同。有氣水和梳打水，雖然都是有氣的水，但其實兩者是截然不同的飲品。

有氣水的基本分類

要學懂分辨有氣水和梳打水，就要先理解水的分類的概念。水主要分為兩大類，分別是「淨化水」和「天然水」，這兩大分類就是分辨不同種類的水的基礎。而有氣水的分類也是一樣，有氣水 (Sparkling Water) 同樣分為「淨化水」(Processed Water) 和「天然水」(Natural

Water) 兩大類目，然後再作細分。

有氣水是一個統稱，泛指所有含有氣泡的飲用水，有氣水中有兩大元素，原水和氣泡。而有氣水的分類的着眼點，是在於原水的本身，究竟是在淨化水中添加氣泡，還是在天然的水中添加氣泡。所以分類的重點是在於水，而氣泡只是添加之物，並不是分類的重點。

而在香港的有氣水，比較常見的「淨化水」(Processed Water) 有梳打水、湯力水，而「天然水」(Natural Water) 包括有氣礦泉水，而有氣礦泉水中的氣泡，也有分天然有氣、添加氣泡兩種，下表簡單介紹這些水的分別。

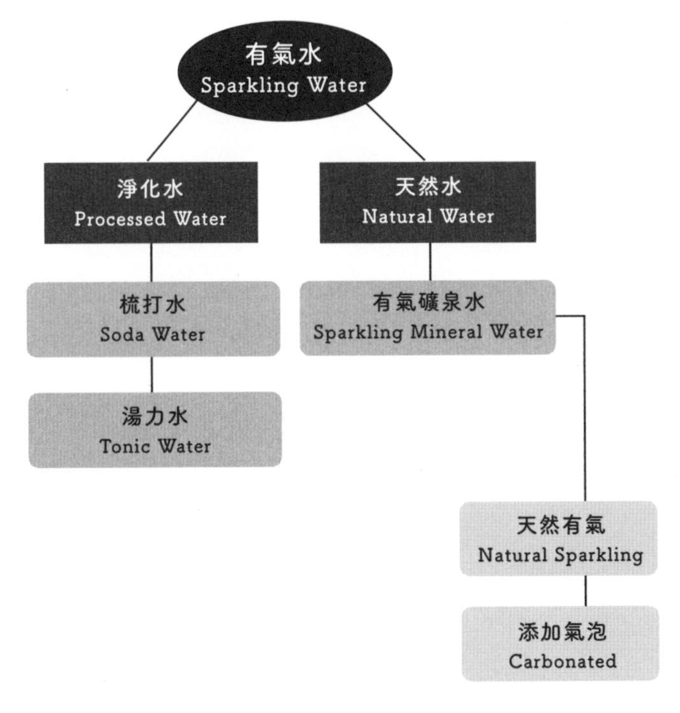

有氣水的兩大分類

淨化水 Processed Water

梳打水

原水是過濾水或蒸餾水，將二氧化碳加壓充入原水之中，便會生成氣泡，然後再加入食用礦物質添加劑製作而成。不同品牌的梳打水，所加的食用礦物質添加劑的種類和分量都會有所不同，所以味道也不一樣。

湯力水

製作基本和梳打水一樣，但會額外添加奎寧 (quinine)，所以湯力水又稱奎寧水。奎寧是樹皮的萃取物，帶有苦澀味，因此製作湯力水往往也會添加糖，以減低奎寧的苦澀味。奎寧的甘苦口味非常獨特，這種特別的味道與一些烈酒非常匹配，所以一些雞尾酒的調製會加上湯力水，比較常見的有 Gin and Tonic，便是混合琴酒和湯力水再加入檸檬汁調製而成的。

天然水 Natural Water

有氣礦泉水

原水是天然礦泉水，水和水中的礦物質都是天然的，加上二氧化碳生成氣泡，便生產出有氣礦泉水。有氣礦泉水中的氣泡有兩種，分別是天然氣泡和添加氣泡。

天然氣泡是指水中的氣泡在天然礦泉水的水源地本身已經存在，氣泡不是經人工添加的。天然氣泡的生成往往與礦泉水的水源地的地理位置有關，例如水源地的位置附近有較頻繁的火山活動或地殼活動，會釋放出高濃度的二氧化碳和氣壓，然後在水源地與水結合，生成天然的氣泡。天然氣泡的礦泉水可以說是可遇不可求，要配合地理環境才有機會生成，因此也比較罕有。

添加氣泡是將二氧化碳加壓充入天然礦泉水中，生成氣泡。而添加的二氧化碳也有兩種，一種是人工生產的二氧化碳，另一種是用儀器採集天然的二氧化碳，再添加到礦泉水中生產而成。市面上大部分的有氣礦泉水都是添加氣泡的。

有氣水的分類是基於原水

雖然，有氣礦泉水和梳打水都是在水中添加二氧化碳生成氣泡，但兩者最大的分別在於梳打水的原水是過濾水或蒸餾水，而且礦物質是人工添加的食用礦物質添加劑，所以梳打水的分類是屬於淨化水中的有氣水。而有氣礦泉水則不同，有氣礦泉水的原水是天然礦泉水，水和礦物質都是天然的，而不是人工添加的，所以有氣礦泉水的分類是屬於天然水中的有氣水，兩者其實是有很大的分別的。

另外，由於有氣水的生產是在水中添加二氧化碳，而在化學上，水 (H_2O) 加二氧化碳 (CO_2) 會生成一種名為碳酸 (Carbonic Acid - H_2CO_3) 的物質。碳酸與它的名字一樣，帶有酸酸的味道，如果生產有氣水是用無色、無味、單純的純水，這酸酸的味道會變得尤其明顯，而這種明顯的酸味並不是人人能夠接受的。所以，生產有氣水不會只用蒸餾水、過濾水、山泉水、冰川水或冰山水，因為這些水缺乏礦物質，或礦物質濃度不足，令水容易產生明顯的酸味。而梳打水中的食用礦物質添加劑的味道，或天然礦泉水中的礦物質的味道，可以覆蓋或中和碳酸的酸味，令這酸味不致太過明顯。而經中和後的碳酸微微酸味，更有開胃醒胃的效果。

總結：有氣水泛指所有含氣泡的飲用水，是一個統稱。梳打水是一種「淨化水」(Processed Water)。

chapter

軟水硬水的分別和定義

我們每天在生活的不同範疇都需要使用水、飲用水，而使用「軟水」或「硬水」比較好，是經常會聽到的討論。究竟軟水和硬水有甚麼分別呢？總括來說，軟水是礦物質含量較低的水的統稱，而硬水是礦物質含量較高的水的統稱。至於水中怎樣的礦物質含量才算是高或低呢？世界上有幾個量度軟水和硬水的標準，較主流的有「總礦物質含量」、「硬度」、和「總溶解固體」，這些標準都是以 mg/L 為量度單位，即是每一公升的水中含有多少毫克的礦物質。

總礦物質含量 (Total Minerality)

總礦物質含量也稱做殘餘固定礦物質含量 (Fixed Residue Mineral Content)，量度方法十分簡單，就是計算水中不同礦物質含量的總和。歐洲對礦泉水的監管十分嚴格，根據早期的歐洲標準，礦泉水必需含有數量足夠多的礦物質，才能符合法定稱為礦泉水，例如總礦物質含量必需達到每公升 1000 毫克或以上，否則產品的標籤不能使用礦泉水字眼。所以，就算產品是從地下的水源抽取的泉水，如果總礦物質含量不足每公升 1000 毫克，即屬不達標，該產品不能稱做礦泉水，否則便是違例了。不過，由於要求過於嚴苛，而且不利礦泉水行業的發展，這個每公升 1000 毫克的標準在 1984 年已被修改，取而代之的是礦物質含量的高低定立標準，下表是總礦物質含量的定義標準。

水中總礦物質含量標準

總礦物質含量	礦物質含量（毫克 / 公升）
非常低 (Very Low)	0-50
低 (Low)	51-500
中度 (Medium)	501-1500
高 (High)	≥ 1501

不過，總礦物質含量這量度標準在現時已經不太流行，很少被使用。時下比較廣泛使用的量度標準是「硬度」和「總溶解固體」。另外有一種說法是，總礦物質含量已演變成總溶解固體，並被總溶解固體所取代。

硬度 (Hardness)

硬度與總礦物質含量的分別，在於硬度只會量度已溶解在水中的礦物質鈣和鎂，鈣和鎂以外的其他礦物質並不計算在內，而總礦物質含量的計算包含所有礦物質。硬度多用於量度自來水的軟硬程度，水中鈣和鎂的含量愈高，硬度則愈高，反之水中鈣和鎂的含量愈低，硬度也就愈低。科學家通過對大量的自來水樣本進行測量和分析，定立了硬度的計算方程式：

硬度 = (鈣含量 x 2.497) + (鎂含量 x 4.118)

下表是硬度的定義標準。

水的硬度標準

硬度	礦物質含量（毫克 / 公升）
軟 (Soft)	0-60
偏硬 (Moderately Hard)	61-120
硬 (Hard)	121-180
非常硬 (Very Hard)	≥ 181

根據香港水務處的資料，香港的自來水平均硬度為 36 mg/L，因此屬於軟水。自來水的硬度還是軟一點比較好，因為自來水很多時會被用作清潔用途，而硬水中含有高濃度的鈣和鎂，而鈣和鎂會阻礙清潔劑發揮親油去污的能力，所以硬度較高的自來水並不適合用作清潔用途。此外，硬水也會導致洗手液、洗衣液、洗潔精、沐浴露、洗髮水等清潔劑在使用時較難起泡沫，因為硬水中的鈣和鎂對起泡沫有抑制作用。

總溶解固體 (TDS — Total Dissolved Solids)

總溶解固體是量度已溶解在水中的礦物質含量，總溶解固體與硬度最大的分別，在於除了鈣和鎂外，總溶解固體也量度包括鉀、鈉、碳酸氫鹽、氯化物、硫酸鹽等等的其他礦物質。總溶解固體的計算方法，是測量水在攝氏 180 度高温蒸發後，殘餘在容器中的礦物質含量的總和，所以總溶解固體也稱做"Dry Residue at 180℃"。水在攝氏 180 度高温蒸發後殘留的礦物質體質極之細小，只有大約 1 微米，或千分之一毫米，人類的眼睛是看不到的，必需要用儀器檢測。總溶解固體常用於量度礦泉水的礦物質含量，在礦泉水的標籤一定會看到一項 TDS 的數值，這便是礦泉水的總溶解固體了。TDS 的數值愈高，代表水的礦物質含量愈豐富，水的硬度也就愈高。相反，TDS 的數值愈低，代表水的礦物質含量愈低，水的硬度也就愈低。下表是總溶解固體 TDS 的定義標準。

水中總溶解固體標準

總溶解固體 (TDS)	礦物質含量 (毫克 / 公升)
非常低 (Super Low)	0-50
低 (Low)	51-250
中度 (Medium)	251-800
高 (High)	800-1500
非常高 (Super High)	≥ 1501

在香港市面上可見的礦泉水，絕大部分都屬於總溶解固體「非常低」或者「低」的礦泉水，「中度」的礦泉水很少有，而「高」或者「非常高」的礦泉水在香港更是無跡可尋。香港人普遍認為飲用水應該是無味的，而且自來水是軟水，大眾都習慣了喝礦物質含量低的軟水，對於礦物質味道重的硬水，香港人的接受程度會較低。而且，硬水喝起來那重重的礦物質味道，甚至會被誤會是水中含有重金屬，或者已經變質。所以，香港人以飲用軟水為主，飲用硬水較難在香港普及。

總結：簡單而言，硬水是指礦物質含量高的水，軟水是指礦物質含量低的水。量度水的軟、硬度也有不同的標準。

chapter

水在我們體內如何運作？

喝水彷彿是一件極之簡單、自然不過的事情，但其實一杯水喝進肚子後，會經由人體水循環系統處理，而人體的水循環系統更是涉及多個程序，可以說是極度複雜的系統。

人體內的水循環系統運作，牽動五臟六腑及多個重要器官，功能除了為身體補充水分之外，還擔當營養輸送、代謝體內垃圾、淨化五臟六腑等重要角色，對維持各種生理功能、調節機能、修復功能、內分泌系統、排泄系統等，起着關鍵的作用。因此，水對健康的重要性不言而喻。如果水循環系統出現問題，會引起身體各種大大小小的問題，輕則出現水腫、乾燥等小毛病，重則引起各種疾病，甚至死亡也是有可能的。

人體水循環五步曲 —— 第一步：攝取

那麼，人體的水循環系統是如何運作的呢？水在人體中的循環主要分為五個階段，順次序為「攝取」、「吸收」、「輸送」、「利用」、「排泄」。第一階段是「攝取」，簡單來說就是通過進食來攝取水分，當中包括進食所有含有水分的食物，例如喝水、茶、咖啡、湯、牛奶、果汁等等，而喝水是人類為身體攝取水分的最主要途徑。蔬菜和水果也含有水分，所以也是人類攝取水分的來源之一。

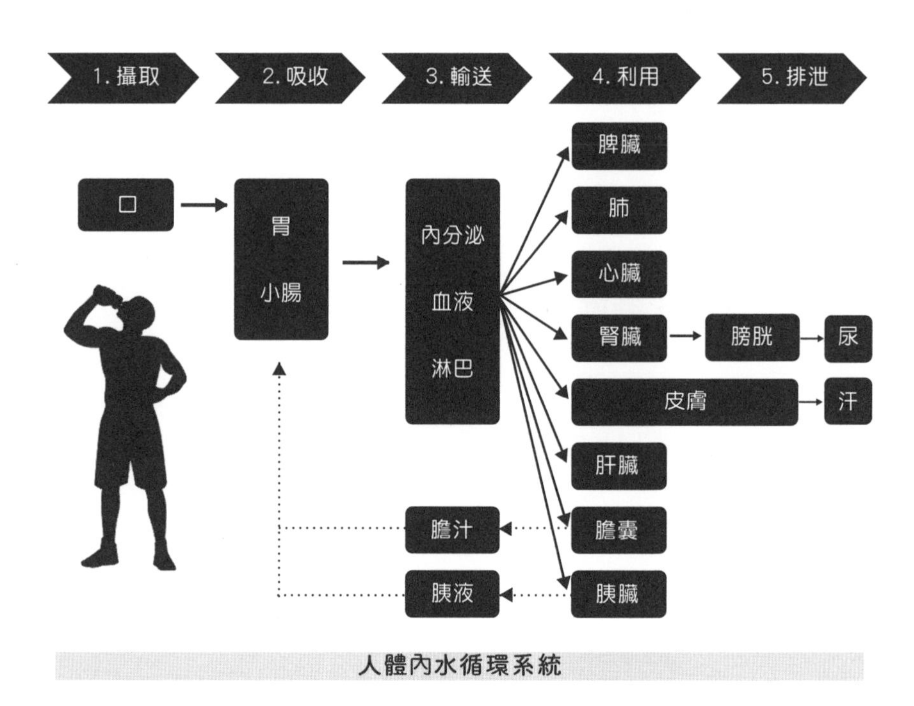

人體內水循環系統

人體水循環五步曲 —— 第二步：吸收

第二階段是「吸收」，我們喝了的水會先到達胃部，然後經由胃部的消化系統，進行水分的儲存和吸收，胃部吸收水分的速度可以很快，如果在空腹的情況下喝水，只需約 5 分鐘左右即可被吸收，但如果在喝水之前吃了很多食物，吸收的速度就會相應減慢。如果吃的食物足夠多，吸收水分的時間可能需要用上幾個小時，因為胃部需要同時處理其他食物，吸收水分的效率自然會大大降低。然後，水分會被傳送到十二指腸，十二指腸是小腸的前端部位，與胃部連接。水在胃部接觸到胃酸，而胃酸屬於強酸性液體，十二指腸的功能是中和水所接觸到的強酸，再將水推送到小腸。小腸的主要作用是吸收水中的礦物質營養成分，再將水分和礦物質分派至身體的其他器官。

人體水循環五步曲 —— 第三步：輸送

第三階段是「輸送」，小腸吸收水分和礦物質後，會通過內分泌系統、血液、淋巴等系統，將水分和礦物質輸送到各個器官。人體的內分泌循環系統，會將水分和不同分泌腺分泌出來的荷爾蒙激素運送到全身，例如腦部位置的腦垂腺和松果腺、頸部位置的甲狀腺、腎臟位置的腎上腺、胰臟位置的胰腺等，都是身體重要的分泌腺。此外，血液亦會通過血管循環系統，將水分連同氧氣帶到全身各個器官，血液佔人體的總體重大約 7.5%，對身體的免疫、代謝和維持體温平衡發揮重要作用。另外，水分也會循淋巴系統經由淋巴液循環到全身，淋巴液對維持體液平衡、製造抗體和免疫系統十分重要。

〰 人體水循環五步曲 —— 第四步：利用

第四階段是「利用」，水分輸送到各個器官和組織後，便可以發揮各種身體和生理功能。身體各個器官的水分輸送和利用更是相互影響，形成一個生生不息的內循環系統。例如小腸將水分經血液運送到脾臟，而脾臟會過濾血液，清除血液中的不良細胞和物質，再輸送到肺部。肺的主要功能是讓吸入體內的空氣與血液結合，並將空氣中的氧氣溶解於血液中，然後通過心臟將血液和氧氣輸送到身體各處。

心臟經血管將血液和氧氣泵送到全身各個器官，對人體的血壓和脈搏有重要的影響，可以說是血液輸送的中樞器官，而血液同時會通過靜脈循環回流到心臟。而腎臟的功能是維持體液的平衡，影響體液的流量、組成、調節等，擔當體液疏導的角色。當體內的水分過多時，腎臟會增加產生尿液以排出多餘的水分。當體內的水分不足時，腎臟會減少產生尿液以保持體內水分平衡。而當腎臟功能發揮不健全時，往往會引起水腫或脫水等問題。此外，皮膚也可以儲存水分，同時亦是身體的屏障，防止水分流失之餘，也保護體內器官免受外界影響，如果皮膚缺水會出現乾燥、緇緊、脫皮等狀況。皮膚是人體最大的器官，也需要水分來維持良好的運作。

肝臟除了處理水分和礦物質營養外，同時也負責代謝體內毒素和垃圾的器官。而肝臟和膽囊可謂「肝膽相照」。肝臟和膽囊除了位置相近外，肝臟亦會分泌膽汁到膽囊，然後膽囊會協助儲存肝臟分泌出來的膽汁，並將膽汁釋放到胃部，協助胃部發揮消化功能。至於胰臟，除了分泌胰島素控制血糖外，更會分泌胰液到十二指腸，而胰液的主要作用是中和從胃部流入十二指腸的物質的酸性，對消化系統起重要的作用。

人體水循環五步曲 —— 第五步：排泄

第五階段是「排泄」，人體的排泄系統主要經由腎臟、膀胱、皮膚等器官協同，將體內的垃圾以及過多的水分排出體外。腎臟是排泄系统中最重要的器官之一，腎臟中的腎小球會代謝和過濾血液中的垃圾，然後與水分結合，轉化成尿液，再將尿液輸送到膀胱。中國的醫學古籍《黃帝內經》中的《素問 · 靈蘭秘典論》有記載：「膀胱者，州都之官，津液藏焉，氣化則能出矣」。意思是膀胱掌管人體的津液，功能是控制小便排泄，使身體不會因過度積水而出現水腫，也不會因過度排泄而出現缺水。所以，膀胱的功能是儲存尿液，當膀胱中的尿液充盈時，便會透過神經系統刺激大腦，引發尿意，並通過括約肌來控制尿液的排放，不致失禁，最後通過輸尿管及排泄器官，將尿液排出體外。

皮膚也是人體的排泄器官之一，皮膚能夠通過汗腺和毛囊排出汗液，將體內的水分、鹽分和少量的垃圾排出體外，同時也幫助我們調節體温，例如進行高強度運動時，體內溫度會快速升高，皮膚的毛孔便會打開，毛孔就像排氣孔一樣，將體內快速上升的高温蒸發出體外，從而達到調節體温的效果。另外，毛孔亦是將汗水排出體外的出口。

人體的水循環系統，中國的古籍也有記載。例如《黃帝內經》中的《素問 · 經脈別論》也有關於水在人體各個器官循環的記載：「飲入於胃，遊溢精氣，上輸於脾。脾氣散精，上歸於肺，通調水道，下輸膀胱。水精四布，五經並行，合於四時五臟陰陽，揆度以為常也」。意思是我們喝水的水分會先到達胃部進行消化吸收，然後水的精華養分遊走循環到全身，最先輸送到胃部上方的脾臟，脾臟再將水的精華養分輸送到肺部，肺部負責調節及疏導水分，而多餘的水分會輸送到膀胱，並排出體外。水分在體內循四方分布，經由五個經絡遊走運行，這與四季變遷及五臟的陰陽能量相互配合，是恆常的能量平衡的表現。這就是在中醫理論的層面上，水在人體流動運行的方式，也總結了人體生理循環和能量平衡的關聯性。

總結：人體的水循環系統是通過不同的器官運行，主要分為「攝取」、「吸收」、「輸送」、「利用」、「排泄」五個階段。

chapter 1 為甚麼要喝礦泉水？

礦物質是人體必需要的營養素，而吸收礦物質可以有很多不同的途徑，例如從不同種類的食物、飲料，甚至補充劑等，都可以提供礦物質。那麼，從不同途徑所吸收的礦物質，對我們的身體來說都是一樣的嗎？答案是否定的。事實上，雖然為身體提供礦物質的來源有很多，但是並不代表身體都能夠有效地吸收得到、吸收得好，因為身體吸收礦物質的效率會視乎礦物質的來源而大相徑庭。究竟從哪種途徑攝取礦物質的效益會較高呢？認識「生物利用度」這個概念，便可以找到答案。

甚麼是生物利用度

生物利用度 (Bioavailability) 最先是應用於醫學上，簡單來說，當為病人施加藥物時，會以此評估不同的施藥途徑和方法，哪一種途徑的藥用效果較好、病人的吸收率較佳、產生的副作用較低。例如為患上不同疾病的病人，比較藥丸、藥水、不同身體部位的注射、吊點滴等，哪一種給藥的效益較高。而在營養學上，則用來量度食物中各種營養能夠被人體吸收和使用的比例，從而衡量營養被人體轉化和使用的效率。

不過，生物利用度受很多外在和內在因素影響。影響生物利用度的外在因素有很多，而食物的形態有很大影響，例如固體食物和液體食物含有的礦物質，能夠為人體吸收的程度和效率是不同的。一般而言，液體食物的生物利用度較高，因為礦物質已經溶解在液體之中，容易被吸收。相比之下，固體食物的生物利用度會較低，因為固體的食物需要先被分解和消化，礦物質才能被人體攝取，特別是肉類，往往較難被分解和消化。準備食物的過程也會影響生物利用度，例如在清洗、調味、烹煮的過程中，過度清洗食物或會造成礦物質流失，調味料含有的其他物質或會影響礦物質吸收，不同的烹煮方法也會造成不同程度的流失。整個準備食物過程愈是複雜，對生物利用度的影響往往愈大。另外，食物本身的組成結構也會影響生物利用度，例如植物表皮對植物本身起保護作用，同時會阻礙人體攝取植物當中的礦物質，降低生物利用度。

而內在因素是指人體對不同營養素的吸收能力的差異，例如人體較能從食物中攝取蛋白質、脂肪和碳水化合物，生物利用度可以高達90%，但食物中的礦物質則較難被人體吸收。另外，每個人的身體狀況不同，對生物利用度也會有影響，例如個人體質、消化能力、身體的營養分布、營養儲存、營養消耗量、身體機能狀態等，都會影響身體攝取礦物質的效率，對生物利用度產生不同程度的影響。

生物利用度相關研究

美國密西根州立大學 (Michigan State University) 在 2018 年發表一份關於生物利用度的文章，指出植物類食物的本質對生物利用度有不利的影響。首先植物的細胞壁十分堅硬，可阻礙攝取礦物質。而存在於植物表層的植酸鹽 (Phytate) 可與鋅、鈣、鐵等礦物質結合，會防礙腸道吸收。植物的一種化合物多酚 (Polypheno)，也可以干擾礦物質的吸收。另外，需要較長時間消化的食物，例如肉類，亦可以降低生物利用度。將食物切碎、煮熟有助減低上述因素的影響，提升生物利用度。

飲用礦泉水普遍被認為是生物利用度高的礦物質攝取方法。德國有一項研究，對比礦泉水、牛奶、水果類、蔬菜類、肉類、五穀類食物中的礦物質鈣和鎂的生物利用度，結果發現，飲用礦泉水和牛奶的生物利用度最高，可以高達 80% 以上，即是礦泉水和牛奶中所含的鈣和鎂，有 80% 或以上能夠被人體吸收。至於固體食物的生物利用度，普遍不超過 40%，而食物中含有的水分愈多，生物利用度就愈高，例如水果類食物的生物利用度較高，其次是蔬菜類，然後是肉類，五穀類食物的生物利用度最低。牛奶及礦泉水的生物利用度高，與其本質形態是液體有關，而且礦物質已經溶解於礦泉水或牛奶之中，無需要進行分解和消化，可以直接被人體吸收，所以效益高。歐洲食品安全局 (European Food Safety Authority, EFSA) 在 2003 年成立了一個 17 人的專家小組，就食品的安全性和生物利用度提供科學意見。這個專家小組指出，經喝水吸收鈣質的生物利用度高，與牛奶相若，而且是一個安全的途徑。

《美國臨床營養學雜誌》在 2002 年發表一份研究報告，這項研究就 10 名 25 至 45 歲健康女性進行測試，目的是對比單獨飲用礦泉水或以礦泉水配合膳食的生物利用度。測試方法是在第一天斷食，只飲用特定鎂含量的礦泉水，再監測排泄物中的鎂含量來計算生物利用度，然後第二天在控制攝取量的情況下進食，並飲用同一款礦泉水，再監測排泄物中的鎂含量，然後重覆上述測試。結果發現礦泉水配合膳食，可以提高礦泉水的鎂的生物利用度，而結論是經常飲用含豐富鎂的礦泉水，有助身體攝取每日所需的鎂。

英國劍橋大學 (University of Cambridge) 在 2007 年發表一份研究報告，這項研究就 12 名 20 至 29 歲健康女性測試了六種分別包含芝士和礦泉水的食譜，目的是對比不同種類的芝士及礦泉水的鈣質生物利用度。測試方法是根據預先設計好的餐單組合和分量進食兩天，然後休息兩週後，再進食另一餐單組合兩天，然後又休息兩週，如此類推。結果發現，礦泉水配合意大利粉的鈣質生物利用度最高，而結論是礦泉水可以有效地補充鈣質，特別適合每天鈣質攝取量不足或缺鈣的人士飲用。

德國漢諾威萊布尼茨大學 (Leibniz University Hannover) 的食品科學及營養研究所在 2017 年發表一份研究報告，這項研究就 22 名 20 至 30 歲健康的志願者進行測試，當中男性和女性各有 11 名，目的是對比礦泉水、麵包、補充劑的生物利用度。測試參加者須在測試前兩天開始根據限制食物清單進食，前一天避免劇烈運動，並在測試前的夜晚禁食。測試方法是隨機給予每位參與者指定分量的礦泉水、麵包、補充劑，參加者需在 30 分鐘內食用，然後在指定時間間隔內抽取共 8 個血液樣本和 7 個尿液樣本對比。結果發現，飲用礦泉水的生物利用度十分高，而且是零卡路里的礦物質營養來源。該研究結果已被德國臨床試驗註冊中心確立和收錄。

大多數人主要依靠食物補充礦物質，不過，都市人生活繁忙，很多人都無暇留意每日的礦物質攝取量。再者，生物利用度告訴我們，食物裏的礦物質能夠轉化為身體所用的數量，其實沒有想像那麼多。至於礦泉水和牛奶，要比較的話也是各有利弊。礦泉水的生物利用度比牛奶還要高一些，因為礦泉水中只有水和礦物質，沒有其他多餘的物質阻礙吸收。至於牛奶除了礦物質外，還含有蛋白質、脂肪和多種維他命，能為身體提供多種所需營養，這些都是礦泉水沒有的。不過，也有關於喝牛奶會引起敏感、導致肥胖，甚至損害動物權益等的討論，而礦泉水就沒有這些隱憂了。無論如何，上述權威機構的研究都確立了礦泉水和牛奶具有很高的生物利用度。每日飲用含有豐富礦物質的礦泉水和牛奶，可有效地為身體提供礦物質。

總結：礦泉水中的礦物質已經溶解在液體之中，容易被人體吸收，要從固體食物中吸收礦物質相對困難。

chapter 1

正確認識水的酸鹼度

自從市面上出現「鹼性水」這種產品後，水的酸鹼度開始受到大眾關注。酸鹼度是甚麼？為甚麼水會呈現出不同的酸鹼度？影響水酸鹼度的因素……等等問題，又不是人人都清楚理解。水的酸鹼度，並不是一言兩語能夠解釋清楚，當中不單牽涉到一些化學概念，更是與數學有關，可能不太容易明白。我嘗試從基礎說起，用較容易理解的字眼描述演繹，一步一步加以闡釋，盡量深入淺出。

從水分子說起

所有的液體都有酸或鹼的屬性，例如飲品中的茶、咖啡、酒、汽水、奶等等，都會呈現酸性或鹼性。水也是一樣，也有酸性和鹼性的分別。那麼，是甚麼令水變成酸性或鹼性呢？要了解酸鹼度的由來，便要從水分子開始說起。水分子由兩個氫一個氧組成，所以水的化學符號是 H_20，而氫離子是帶正極的，氧離子是帶負極的。

雖然，水的本質是很難導電的，但由於水有正、負極離子的存

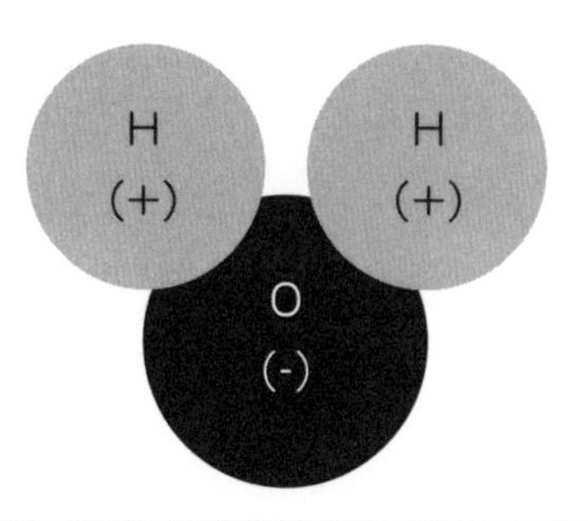

水分子有兩個氫一個氧

在，水還是會有微量的導電性，亦因為這導電性質，水分子會有解離的情況發生，這情況亦可以稱做電解。水的解離可以說在異性相吸的情況下，水分子之間的正極離子和負極離子相互吸引，令水分子中的 H_20 發生斷裂，並與其他的水分子重新結合，繼而形成新的水分子。而在滿足某些條件的情況下，例如溫度，水分子的解離會增加。而水的酸鹼度，正是與水的解離有關。

甚麼是水的解離

水的解離是在水分子互相碰撞時發生的。水分子中的氫離子帶有正極，而氧離子帶有負極，當水分子之間發生碰撞時，正負極相吸，水分子中帶負極的氧離子，將另一組水分子中帶正極的氫離子拉扯過來，並結合成三個氫一個氧的 H_3O^+，而另一組被拉走了一個氫的水分子，變成了單氫單氧的 OH^-，這個過程便是水的解離。

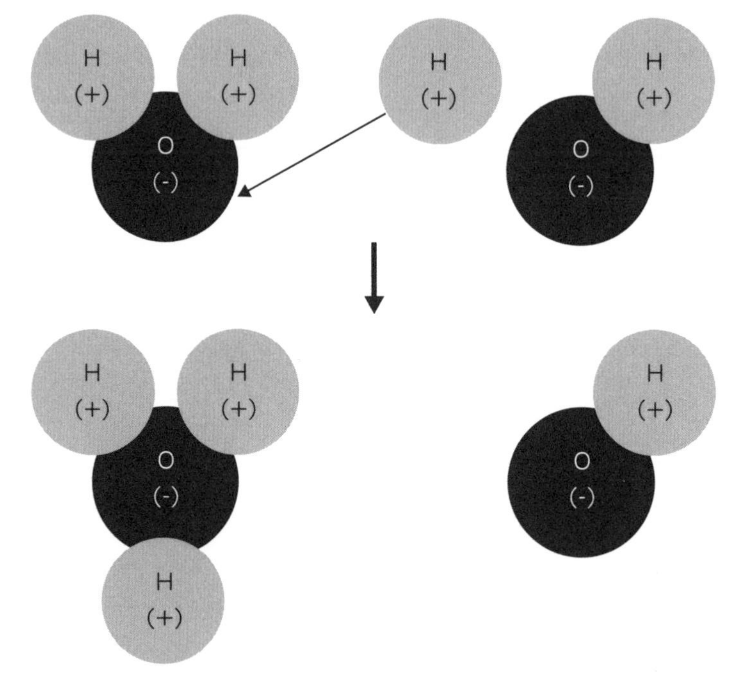

水分子的解離過程

以數學算式表示兩組水分子碰撞而發生的解離：

$H_2O + H_2O \rightleftharpoons H_3O^+ + OH^-$

算式簡化後，得出水的解離的算式是：

$H_2O \rightleftharpoons H^+ + OH^-$

算式中的 H^+ 是氫離子，而 OH^- 是氫氧根離子。所以，水的解離可以產生出氫離子及氫氧根離子。而水是屬於酸性或鹼性，便是取決於水中的氫離子及氫氧根離子的濃度而定。

如何定立水的酸鹼度

水的酸鹼度，也稱為 pH，pH 的原寫是來自拉丁文，p 代表 pondus，是重量的意思，而 H 是指氫離子，加起來的意思是指氫離子的濃度。所以，pH 也稱為「氫離子濃度指數」。至於水屬於酸性或鹼性，可以說是氫離子（H^+）和氫氧根離子（OH^-）之間對決的結果。當水的氫離子濃度高於氫氧根離子濃度，水呈酸性。當水的氫離子濃度等於氫氧根離子濃度，水呈中性。當水的氫離子濃度低於氫氧根離子濃度，水呈鹼性。

說到 pH 酸鹼度，通常會有個數字跟在後面，例如 pH 6、pH 7、pH 8 等，我們稱之為 pH 值。計算 pH 值是一門數學。pH 值的計算，是量度氫離子的負對數，公式如下：

$$pH = \log(1/[H^+])$$
$$= -\log [H^+]$$

假設氫離子（H^+）的濃度是 10^{-8} 莫耳（mol），代入算式運算，log 和 10 相抵消，兩個負號也相抵消，可以計算出 pH 值等於 8 的結果：

$$H^+ = 10^{-8}$$
$$pH = -\log [H^+]$$
$$= -\log(10^{-8})$$
$$= 8$$

由於 pH 值的計算是用負對數，因此 pH 的數值愈低，代表氫離子的濃度愈高，水的酸屬性愈强。相反，pH 的數值愈高，代表氫離子的濃度愈低，水的酸屬性愈弱。

有計算氫離子 (H^+) 負對數的 pH，自然也有計算氫氧根離子 (OH^-) 負對數的 pOH。pOH 的計算公式和 pH 相同：

$$pOH = \log(1/[OH^-]) = -\log [OH^-]$$

離子積常數與 pH 值的關係

要明白 pH 值的計算，了解「離子積常數」這個概念是非常重要的。離子積常數是計算水中氫離子和氫氧根離子的總物質濃度，離子積常數可以幫助判斷水的 pH 值或 pOH 值。離子積常數的數學代號是 K，而計算水的離子積常數的數學代號是 K_w，w 代表水。顧名思義，離子積常數是一個常數，即是一個不會變的定值，而離子積常數的計算方法，是氫離子和氫氧根離子的積乘。水的溫度會影響氫離子和氫氧根離子的濃度，假設水的溫度是攝氏 25 度，以下是離子積常數的算式：

$$K_w = [H^+] \times [OH^-] = 1 \times 10^{-14}$$

將離子積常數算式轉換成負對數，便可以判斷出水的 pH 和 pOH 的比例關係：

$$K_w = [H^+] \times [OH^-] = 1 \times 10^{-14}$$

$$pK_w = -\log ([H^+] \times [OH^-]) = -(\log[H^+] + \log[OH^-])$$

= pH + pOH = 14

離子積常數是一個定值，所以計算的結果必定是 14，這是不會變的。所以，知道 pH 值便可以推算出 pOH 值，反之，知道 pOH 值，也可以推算出 pH 值了。例如，呈中性的水的氫離子濃度等於氫氧根離子濃度，那麼 pH 值和 pOH 值都是等於 7（7 + 7 = 14）。如果水的 pH 值是 5，那麼 pOH 值便是 9（5 + 9 = 14)。如果水的 pH 值是 14，那麼 pOH 值便是 0（14 + 0 = 14)。在離子積常數定值在 14 的情況下，也反映出當氫離子的濃度愈高，氫氧根離子的濃度就會愈低。相反，當氫離子的濃度愈低，氫氧根離子的濃度也就會愈高了。

一般而言，水的 pH 值 (或 pOH 值) 是介乎 0 - 14 之間，不會低於 0 或高於 14。不過，仍會有一些非常特別的液體的 pH 值是低於 0 或高於 14 的，但那些通常是有特別用途的化學液體，不會是純水，也不會是飲品。例如廣泛用於工業用途的鹽酸 pH 值是 -1，而氫氧化鈉的 pH 值是 15。

要知道水的酸鹼度，可以用酸鹼度測試紙。只要將試紙接觸水，便會根據水的酸鹼度改變顏色，我們可以根據顏色的呈現而判定水屬酸性、中性或鹼性。

水的酸鹼度涉及複雜的化學和數學知識，上學時期未必會學到。就算有學到，日常生活很少會用到，也許這些知識早就還給老師了。無論如何，就酸鹼度而言，只需要知道水的酸鹼度是取決於氫離子及氫氧根離子的濃度而定，當水的氫離子濃度高於氫氧根離子濃度，水呈酸性。當水的氫離子濃度等於氫氧根離子濃度，水呈中性。當水的氫離子濃度低於氫氧根離子濃度，水呈鹼性。而市面上有些可以生產鹼性水的濾水器，就是通過技術調節水的氫離子和氫氧根離子濃度製造而成的。

總結：酸鹼度主要量度水中氫離子和氫氧根離子的相對濃度，當氫離子的濃度高於、等於或低於氫氧根離子時，水分別呈酸性、中性、或鹼性。

chapter 1 地球第一滴水從何而來？

水覆蓋了地球表面大約四分之三的面積，是萬物賴以為生的生命之源。水不單是人的生命之源，更是一切萬物的生命之源，要知道一個星球有沒有生命，只要看它有沒有水就知道答案了，沒水便沒有生命。因此，地球可以有別於銀河系其他的星球，因為有水的存在，地球可以生機處處，生命萬物可以在地球孕育和共存，造就一個物種豐盛、多姿多彩的地球。

中國神話故事

那麼，地球的水是從何而來的呢？在遠古中國、西方的傳說中，分別有關於水的神話都教人津津樂道。相傳，中國的水神共工與火神祝融交戰，水神共工落敗後，一氣之下用頭撞擊擎天之柱不周山，霎時天崩地裂，天上出現了一個大洞，噴下洪洪烈火，大地到處崩裂，冒出大量洪水，造成河水泛濫，猛獸乘亂群出為禍。大地母神女媧不忍生靈塗炭，於是找來寶石提煉，填補天上的大洞，又平洪水、斬猛獸，世間從此天地分明，出現藍天、彩虹和晚霞，並化生萬物，世間回復平靜安寧。這就是「共工怒觸不周山，女媧煉石補蒼天」的神話故事。

西方神話故事

在聖經《創世紀》中也有記載，神為消滅世間的惡，準備降下一場大洪水，並指令善人挪亞建造一艘方舟，在大洪水來臨之時帶上家人、牲畜和鳥獸等動物，在方舟上避難。當神降下大洪水時，天空裂開，暴雨不分晝夜地連續降了 40 天，大地也陷塌，地下泉源相繼崩裂，湧出大量洪水。洪水的高度足夠淹沒整座高山，於是萬物俱滅，只有在方舟上的挪亞一家人、牲畜和鳥獸得以存活。洪水消退後，挪亞離開方舟，並祭祀神，神在天空放出一道彩虹，回應挪亞，並以彩虹為證，承諾不再以洪水氾濫毀滅世界。這就是「挪亞方舟」的記載。

無論是中國或西方的神話，滅世和創世是由洪水而起，弄到洪水處處也要有人處理善後，所以也有「大禹治水」的典故。神話故事說完，回到現代的科學討論，地球的第一滴水是從何而來、如何形成，彷彿一直是一個謎團。就此問題，科學家們也聚訟紛紜，有的說是地球固有的，有的說是從太空外來的，至今也無法達成共識。畢竟水在地球存在的時間太久了，大約有 40 億年，要追溯水的來源也是十分困難。儘管如此，對於地球的水的來源，科學家還是有一些較主流的推斷和見解。

理論一：水是地球固有的

有些科學家認為水是地球固有的。在地球起源之時，存在於地球上的物質當中已經有水。地球起源時的溫度很高，水以氣態形式存在於大氣之中，後來，隨着地球溫度逐漸下降，大氣中的水分凝結並落到地面，形成了湖泊、河流、海洋。

亦有說法是水存在於地殼深處，經由地殼活動及火山爆發釋放到地球表面。因此，火山爆發會釋放出大量的水蒸氣，這是火山活動及岩漿高溫將存在於地殼深處的水蒸發所產生的，證明地殼深處有水存在。然後，水蒸氣上升到空中，形成雲層並產生降雨，這過程不斷重覆，經過長年累月的降雨，在地球表面的水不斷累積，便形成了海洋。

理論二：水是在宇宙大爆炸後形成的

另外，有些相信宇宙大爆炸論 (The Big Bang Theory) 的科學家認為，宇宙中本來就存有很多不同種類的粒子，而大爆炸的發生令宇宙的空間膨脹，並產生了超巨大的能量，令到這些粒子聚合，觸發了很多不同元素的形成，當中包括氫和氧。氫和氧是大爆炸所產生的元素當中最多和最常見的元素，由於氫和氧具有特別的穩定性，沒有發生衰變而一直殘留。大爆炸發生後，地球的溫度開始慢慢冷卻，在大爆炸所形成的大量元素也開始凝結，沉澱到地球的核心，落到地球的氫和氧結合便形成了水，這便是地球的水的由來。

而中國的古典也有與大爆炸論相似的記載，就像明末的程登吉在其著作《幼學瓊林》中的天文卷所述，「混沌初開，乾坤始奠。氣之輕清上浮者為天，氣之重濁下凝者為地。日月五星，謂之七政。天地與人，謂之三才」。意思是宇宙充滿了混沌的元氣，一經開闢，天地從此有了定位。較輕的元氣向上升形成了天，較重的元氣向下降凝結成地。而太陽、月亮及金、木、水、火、土五行的出現合稱為七政。天、地和人的出現合稱為三才。如果以《幼學瓊林》中的「混沌初開」比喻成大爆炸，以「氣」比喻成粒子或元素，那麼《幼學瓊林》和宇宙大爆炸論中的描述，彷彿不謀而合。

理論三：水是來自外太空的隕石

但比較多科學家接納的說法是，地球的水是來自外太空的隕石。有一種隕石由冰構成，名叫碳質球粒隕石 (*carbonaceous chondrites*)，隕石的冰便是水的由來。在大約 40 億年前，大量的流星雨隕石撞擊月球和地球，據說月球凹凸不平的表面就是由此造成，而撞擊地球的隕石數量，更是月球的 500 倍之多，因此所含的水的數量非常多。由於月球表面的溫度很高，高達攝氏 120 度 ，水都蒸發了，而地球的溫度正好是液態水能存在的溫度。隨着時間流逝，隕石的冰慢慢融化成水，並覆蓋地球表面，美麗的藍色星球就由此而來。研究發現，在地球的水與碳質球粒隕石的水特質極為相似，這亦是較多科學家接納這說法的原因之一。

無論如何，這些都是科學家的「推斷」，可能其中一個是對的，可能全部都是對的，又或者全部都是錯的，畢竟地球和水的存在，已經有 40 億年歷史或更久了，真相如何已不得而知。

總結：水在地球已經存在了 40 億年，第一滴水的由來存在爭議，科學家有不同的推論。

chapter

為甚麼海水不能喝？

從外太空回望地球，會看見一個以藍色為主的星體，因此地球也稱作藍色星球。而地球表面的藍色部分，正正就是水。雖然地球表面覆蓋了這麼多的水，但水資源卻不是表面般充裕，相反很多分析都說地球有水資源短缺的憂慮，食水的供應正在急劇下降。根據兒童基金會 (UNICEF) 的數據，全球有超過 20 億人生活在食水供應不足的國家。如果情況持續，到 2030 年，全球大約有 7 億人或會因嚴重缺水而流離失所。到 2040 年，全球大約四分之一的兒童將生活在水資源極度緊張的地區，所以食水資源短缺問題不用忽視。

所以，雖說地球是一個水星球，卻存在食水資源短缺的憂患，因為覆蓋地球表面的絕大部分都是海水，而海水是不能直接飲用的。在地球上存有的水分，大約有 97% 是不能直接飲用的海水，即是在地球表面布滿藍色的水，當中有 97% 是不能飲用的，只有少於 3% 是可供飲用的淡水。而在僅餘的 3% 的淡水中，更有大約 2% 是被「封印」在冰或雪的形態之中，是無法飲用的。所以，在地球上可飲用的水，其實只有大約 1%，可飲用的食水資源並不像肉眼所見的豐富。

喝海水會愈喝愈口渴

海水也是水，為甚麼海水就不能飲用呢？海水中含有多種不同的物質和鹽分，而且濃度非常高，所以海水喝起來味道非常鹹。那麼，海水中的鹽分究竟有多高呢？世界衛生組織建議每日的鹽分攝取量為5克，而視乎不同海域而定，海水的鹽分含量每公升便有大約35克，即是只要喝一公升海水，鹽分攝取量便超標7倍。由於海水中鹽分的濃度高，如果持續喝海水，身體便會調動不同組織和器官的水分來中和過多的鹽分，然後協助腎臟將多餘的鹽分通過尿液排出體外。如果喝海水，身體需要多用1.5倍的水分才能處理過多的鹽分。假設喝了1公升的海水，身體便需要用到1.5公升的水分來處理和排走海水中的超高鹽分。所以海水不能喝，喝海水不但不能解渴或補充身體水分，而且只會愈喝愈缺水，因為每喝一口海水，身體需要用更多的水去處理海水中的鹽分。

持續喝海水會導致體內水分失衡，嚴重可引致身體細胞因缺水而無法正常運作，引致死亡。美國國家海洋及大氣管理局（National Oceanic and Atmospheric Administration）曾發表文章，指出海水中的鹽分含量遠高於人體可以處理的水平，逼使腎臟通過不斷排尿排走過多的鹽分，令到排尿量高於水分的攝取量。所以，喝海水最終只會變得更加口渴，甚至因脫水而死亡。所以，喝海水只會令身體水分損失更多，導致脫水，亦因此在電影情節中的主角流落荒島，就算渴到快死了也不能喝海水，因為喝海水只會加速脫水，加速死亡。

情況好像喝了很多鹽分的味精湯，喝完超鹹的味精湯後，會感到非常口渴，而且味精愈多，鹽分愈重，味道愈鹹，就會愈口渴。味精湯都含有水分，但喝進肚子後身體需要消耗很多的水分去排走味精和鹽分，水分消耗得多，便會容易感到口渴。這情況和喝海水差不多，只是海水的鹽分含量比味精湯還要高出很多。

另外，未經處理的海水或會含有動物的排泄物、微生物、細菌甚至病毒，這些都是海水不適宜飲用的因素，直接喝海水會有一定的健康風險。

海水化淡的挑戰

時下有很多關於「海水化淡」的討論，海水化淡是指通過特別的技術將海水中的鹽分和其他雜質去除，以獲得淡水。如果可以將那些97% 絕大部分的海水化淡成可飲用的淡水，那麼，水資源短缺問題不就可以解決了。海水化淡在極度缺乏降雨、乾旱的地區比較流行，例如一些中東國家，而沙特阿拉伯是目前世界上設有最多海水化淡廠的國家。

其實，要實行海水化淡並不容易，當中有很多難題仍然未有完善的解決方案。首先，海水化淡所涉及的成本非常高，建立工廠、購置設備、機器維護、日常營運、人力成本、建立供水設施和供水系統等，需要相當大的資金投入。另外，巨大的能源消耗也是一大挑戰，海水化淡需要消耗大量的能源來驅動過濾和蒸餾等技術，可以說是能源密集的生產過程，對能源供應和環境構成壓力外，能源成本也很高。雖然現時的技術已經可以更有效地將海水化淡的成本降低，但以人類每日用水量來計算，成本還是會很高，因此，以目前來說海水化淡仍然無法普及。此外，海水化淡後也會產生濃縮成超高鹽度的海水，排放會對海洋生態環境造成負面影響，如何處置及排放這些副產品也是一個頭痛的問題。

如果海水化淡可以普及化，無疑可以減低水資源短缺的憂慮，但是以目前情況，更實際、更應該做的事是節約用水，而改變我們的日常生活習慣，絕對可以省下不必要的用水。例如使用花灑淋浴代替浴缸浸浴，縮短洗澡時間，確保水龍頭常關，洗手、刷牙、洗菜、洗碗時不要長開水龍頭，選用節水器具和電器，避免不必要沖廁，多吃素，減少購買顏色鮮艷的衣物等等，都可以直接或間接節省用水。愛地球節約用水必需要靠行動，如果每人都出一分力，對緩解水資源短缺問題一定有幫助，肯定造福下一代。

總結：海水的鹽分含量極高，身體要排出過多的鹽分需要動用更多的水，這就是喝海水會導致缺水的原因。

2

水的健康秘密

chapter 2 多喝水並不會令你健康

很多人說想健康就要多喝水，其實健康並沒有這麼簡單。身邊總有家人或朋友，每天都喝很多水，有的一天喝 3 公升甚至更多，身體仍然出現各種各樣的健康毛病，並沒有得到想像中的健康。

聽起來有點可怕，如果連喝水也不會健康，那究竟要喝甚麼呢？隨便喝甚麼水都會健康，哪有這種事。如果隨便多喝些水就可以得到健康，恐怕很多醫生要失業了。我每次演講都會問聽眾一個問題：「你為甚麼喝水？」驟聽這個問題有點奇怪，喝水就是喝水，需要有原因的嗎？人類能不喝水嗎？不喝水會死的。我並不感到意外，你為甚麼喝水這個問題，絕大部分人的回答不外乎是為了「生存、解渴、排毒」。

一個根本的問題：為甚麼要喝水

不要小看「為甚麼喝水」這個根本的問題，如果連喝水的基本目的都沒有思考清楚，自然不會更深入去思考和了解水與健康的真正關係，最後只會「為喝水而喝水」，並不會從喝水得到健康。所以，「為甚麼喝水」先要思考清楚，因為目的會影響飲用水的選擇決定。情況好像「為甚麼吃水果」，如果吃水果是為了解渴，那麼吃水分足夠多的水果就可以了，例如西瓜。但是，如果吃水果是為了補充維他命C，那麼就要吃奇異果、橙之類的水果。所以，目的影響選擇決定，如果沒有想清楚喝水的目的，選擇飲用水會變得無的放矢，失去方向，容易導致「喝錯水」，得不到預期的健康效果。

所以，喝水的目的要思考清楚。細想一下，如果喝水是為了「生存、解渴、排毒」，這只是為了滿足最基本的生存條件，最多只能算是為了維生，為了延續生命，根本談不上健康的層面。水喝了不會肚子痛便可以，並不需要有其他的要求。

「水安全」和「水的營養」

而事實上，很多人喝水是為了生存、解渴、排毒，喝水的重點自然放於「水安全」，而不是「水的營養」。「水安全」是關於衛生，重點在於水要附合衛生標準，例如重金屬、微生物、細菌等含量要達標，確保喝水後不會有不良的後果，是飲用水的最基本條件，講求無害，是令你能「活」的水。而「水的營養」重點在於水中含有多少營養，例如礦物質的多寡，目的在於為身體提供所需營養，從而協助身體機能的運行，講求有益，是令你能「活得健康」的水。水安全講求無害，水的營養講求有益，兩者是有很大分別的。

喝對水才會健康

如果喝水的目的是為了生存、解渴、排便，那麼喝水的着眼點會是水安全，結果就算喝更多的水都只會是無害，即是不會因為喝水而引起其他病痛，卻不能得到健康的效果，因為缺乏健康所需要的礦物質營養。所以，多喝水並不會得到健康，要「喝對水」才會得到健康。

喝水想要健康，關鍵在於喝的是甚麼水，要「喝對水」才會健康。「喝對水」十分重要，視乎年齡性別，人體內有大約 60% 是水，而我們身體最重要的器官，絕大部分都是由水組成的。根據美國地質調查局 (United States Geological Survey) ，我們的大腦和肌肉有 75% 是水，心臟 79% 是水，肺部和腎臟有 85% 是水，血液有 83% 是水，甚至連看起來「乾噌噌」的骨頭，也有 22% 是水。所以，喝甚麼樣的水，便等於為大腦、心臟、肺、腎臟等等這些身體最重要的器官提供甚麼樣的水，如果不注重「喝對水」，哪有可能會健康。

生命之源的真諦

想從喝水得到健康，首先要理解水的功能。為甚麼水會被稱作生命之源呢？很多人說如果沒有水我們便會死，沒有水便沒有生命。這當然是原因之一，但需知水的其中一個重要功能是為身體輸送礦物質營養，令與生俱來的調節、修復、代謝、免疫等機能正常運作，生命才得以天然地、健康地成長和繁衍，這就是生命之源的意義和真諦。

水不單只令我們生存，更令我們健康、成長、繁衍。

我們的身體機能環環相扣，與生俱來已經設計好，只要身體能運作暢順，我們便會健康。水之所以影響着我們的健康，是因為它很大程度影響身體器官和機能的運作。如果水本身有營養價值，便可以直接地、有效地為我們身體作出補充，協助身體各個器官和機能維持正常操作，從而達至健康。

如果身體缺乏礦物質和營養，導致身體的各項機能未能充分發揮，或會出現各種失調狀況或健康毛病，常見的狀況有精神緊張、心情煩躁、肌肉緊繃、便秘、失眠、皮膚敏感、容易傷風感冒、水腫等等，這些都是身體響起的警號，在告訴你某些機能出了問題。就算去看醫生，也不會有幫助，失眠醫生給你安眠藥，便秘醫生給你通便藥，藥停了情況又復返，只會治標不治本。

不要誤會，我的意思不是說水能治病。水並不是藥，並不能治病，生病要去看醫生。我的意思是，如果因為缺乏礦物質營養導致身體機能發揮不順而引起的警號，這並不是生病，沒病去看醫生是不會有幫助的。只要「喝對水」，為身體補充足夠的礦物質營養，令身體運作回復正常便可以了，那些警號自然會消失。所以，水並不是治病的藥，而是令你身體發揮應有機能的電源。情況就像手機沒電，停止了運作，拿去維修是沒用的，需要做的是要為手機充電，問題便可以解決。我們每天都使用手機，造成電力消耗，自然需要充電，才能正常運作。我們的身體也是一樣，每天都在運作和消耗，也需要每天補充礦物質營養，為身體充電。

人體的設計奇妙，自身可做到調節、修復、代謝、免疫，只要讓這些身體機能運作良好，自然就會健康，而「喝對水」就是通往健康的重要門匙。試想一下，一個初生嬰兒自出娘胎不用教也會睡覺和排便，為甚麼成年人反而做不好呢？這些是我們與生俱來的機能，問題只是我們有否為身體補充足夠的營養，協助身體充分發揮這些機能。

身體每天都在消耗，要注意補充

我們都有些不良的生活和飲食習慣，例如晚睡、吃零食、吸煙、飲酒、過度操勞等，我們明知道這樣對身體無益，但仍會去做、去吃，因為我們知道身體會為我們處理和調節好。當我們每天都在苛索身體去處理問題，卻又不注重補充，長年累月身體機能出現毛病也不是甚麼稀奇事吧。其實要為身體補充並不難，也不是甚麼麻煩事，只要注重一下飲水質素，便是幫自己身體一個大忙了。

那麼，喝甚麼水才對健康有幫助呢？一般來說，天然礦泉水含有天然的礦物質營養，對健康有助益。而不含礦物質的水，由於缺乏礦物質營養，健康效益會較低，喝得太多甚至有健康風險。中國重慶陸軍軍醫大學在 2019 年發表一份研究報告，這項研究就 660 名 10 至 13 歲的兒童分兩個組別進行測試，第一組的 119 名男童和 110 名女童在學校只給他們喝中度礦物度的水，第二組的 223 名男童和 208 名女童在學校只給他們喝超低礦物度的水，並每日收集及分析兩組兒童的礦物質攝取量、發育參數、成骨細胞、血清生物標記、骨質形成和吸收等數據，測試歷時 4 年。結果發現第二組喝超低礦物度水的兒童無論身高成長、骨質含量、成骨細胞活性都比第一組低，而結論是要注意兒童飲用超低礦物度水的健康風險，特別是抑制成骨細胞、骨質減少和身高發育遲緩的風險。

複製了完全一樣的研究模式，包括測試的對象人數、年齡層、分組、時間、場景及所用的礦泉水等，中國重慶陸軍軍醫大學進行了另一項研究，並在 2023 年發表了另一份研究報告，評估分別喝中度礦物度水和超低礦物度水的兒童，對血清、代謝物、代謝輔助因子和心血管生物標記的影響，結果發現，喝超低礦物度水的兒童的心血管相關指數較差，因此，必須注意兒童飲用超低礦物度水的血脂和心血管系統健康的風險。這兩份研究報告都被美國國家生物技術資訊中心收錄和引用。

所以，「喝對水」非常重要，水對人的重要性，並不單在於喝水的分量，水的質素更加需要重視。人與水的關係就好比汽油和汽車，若果持續為汽車注入劣質汽油，車沒錯是可以繼續行駛，但車的性能或會慢慢變差。我們每天都要喝水，若果喝水不重視質素，我們沒錯是可以繼續生存，但身體機能或會慢慢變差，種種健康毛病亦會隨之慢慢浮現。車不是多入油就好，如果入的是劣質油，只會入得愈多、性能愈差。人也是一樣，不是多喝水就會健康，要注意水的質素，「喝對水」更重要。只有「喝對水」才可以令身體機能發揮良好，只有「喝對水」才會健康。

所以，不要幻想多喝水就會健康。事實並不如此，每天喝很多水仍有種種健康毛病的人比比皆是。如果喝水不注重營養質素，是很難得到健康的。水對身體太重要了，對健康的影響也是最直接的，可是很多人想健康卻忽略了水。身邊總有朋友花很多錢買營養品及補充劑，為了想得到健康而大費周章，偏偏卻忽略了最基本和最重要的元素 —— 水。

總結：要認清喝水的健康目標，並要喝對水，才會達到預期的健康效果。

chapter 2 礦物質與健康的真正關係

品水師對礦泉水中的礦物質含量十分着重，因為礦物質是影響水的味道、口感、功能、健康效益的最重要來源。不同礦物質含量、特徵的礦泉水，會為水帶來不同的味道，有些帶輕微甜味、有些鹹鹹的、有些帶甘澀、有些苦苦的，有些甚至會有種鐵鏽味。單憑舌頭味覺就可以評斷出水的礦物質特徵，是成為品水師的必備條件，也是品水師必須通過的考試之一。其實不用成為品水師，只要多留意礦泉水的礦物質含量標籤，買一些不同礦物質含量的礦泉水回家品嚐，你都可能感受到水的味道其實是有不同的。

甚麼是礦物質

說到「礦物質」一詞，在日常生活中都會聽到、接觸到。但礦物質究竟是甚麼呢？也未必人人都清楚知道。礦物質是無機化合物，又稱無機鹽，地殼、岩石層、土壤都蘊含礦物質，而不同地理位置的岩石層和土壤，所含有的礦物質種類和數量都不同。而礦泉水的礦物質來源，正是來自吸收地殼、岩石層、土壤中的礦物質。

礦物質是人體所需的七大營養素之一，它們分別是碳水化合物、蛋白質、脂肪、維生素、礦物質、膳食纖維和水。礦物質除了是營養素之外，更是構建身體組織的主要元素，即是我們身體好多部分，其實是由礦物質組成的，例如，鈣質是儲存在骨頭和牙齒之中，並成為骨基質的一部分，對保持骨骼的密度和強度非常重要。礦物質佔人體總體重大約 4.5%，即是假設體重是 100 磅，大約有 4.5 磅的重量是來自體內的礦物質。

除了構成人體組織，礦物質更是維持生理功能、代謝等生命活動的主要元素。礦物質在人體的功用非常廣泛，除了本身是細胞及組織的成分，也是多種酵素的激活物，更有維持體內水分平衡、神經脈衝傳遞、維持體內酸鹼度平衡等重要功用。因此，我們必需要持續攝取礦物質以維持身體的生理功能運作，礦物質是人類生存及生長的必需品。

宏量元素與微量元素

礦物質可分為宏量元素（又稱巨量元素）和微量元素。簡而言之，宏量元素是指我們身體需要攝取較多的礦物質，例如鈣、鎂、鈉、鉀、氯化物等礦物質便屬於宏量元素。而微量元素則是我們身體需要，但數量又不需要太多的礦物質，鐵、鋅、氟化物等礦物質便屬於微量元素。至於每一種礦物質的功能和作用，下頁逐一簡單介紹。

礦物質功能一覽表

礦物質	功能
鈣 (Calcium, Ca)	鈣是骨骼、牙齒中的重要物質，吸收足夠的鈣有助預防骨質疏鬆症。鈣亦負責神經組織和肌肉細胞中的脈衝傳遞，對身體細胞訊號傳輸、大腦到神經末梢訊息傳輸、控制肌肉收縮放鬆和神經功能等至關重要。此外，鈣亦參與支援血液凝固，協調血管的收縮和擴張，對心血管健康十分重要。鈣也是激活多種荷爾蒙和酵素的重要物質。 成年男性的鈣建議攝取量為每天 800 毫克，成年女性需要更多的鈣，每天需要攝取 1200 毫克，孕婦和哺乳期婦女比一般女性的所需攝取量更多。
鎂 (Magnesium, Mg)	鎂是一種多功能的必要礦物質，我們體內需要長期維持大約 25 克含量的鎂，而人體內大約 60% 的鎂都儲存在骨頭中，所以，鎂的吸收有助於構建骨骼、保持骨密度和維護骨骼健康。鎂亦是人體內超過三百種酵素的激活物，並幫助維持胰島素功能，使血糖濃度維持在健康的範圍之內。此外，鎂對促進神經脈衝的傳遞、放鬆肌肉神經、預防抑鬱、防止血栓形成、調節鈣質和維他命 D 濃度、轉化和吸收食物營養等都發揮着重要作用。 成年男性的鎂建議攝取量為每天 350 毫克，成年女性每天 300 毫克，而青少年比成年人需要攝取更多的鎂。
鈉 (Sodium, Na)	鈉對維持肌肉和神經系統正常操作發揮重要作用，鈉也參與調節體內水分滲透平衡，以及血漿和細胞之間的水分平衡。此外，鈉對穩定血壓、激活多種酵素、維持體內酸鹼平衡等都有幫助。 鈉是人體必需的礦物質營養素，我們的身體不能缺少鈉，只是我們在日常飲食中通過食鹽已經攝取了足夠數量的鈉，而我們的身體是經由腎臟控制和處理鈉，攝取過多的鈉會對腎臟造成負荷。 鈉的建議攝取量為每天不少於 550 毫克。過量攝取鈉會導致高血壓、癡肥等問題，每天鈉的攝取量不應多於 2300 毫克。
硫酸鹽 (Sulfate, SO_4)	硫酸鹽協助肝臟排毒，刺激消化系統，具有輕度通便作用。硫酸鹽亦有刺激膽功能作用，可以降低患膽結石的風險。

礦物質	功能
碳酸氫鹽 (Hydrogen carbonate, HCO_3)	碳酸氫鹽主要維持體內酸鹼平衡，協助消除痰炎及胃粘膜相關的炎症，降低腎結石的患病風險。
氯化物 (Chloride, Cl)	氯化物協助保持體液的平衡，也是製造鹽酸的主要成分，鹽酸是胃酸消化液的重要部分，協助胃部發揮分解食物功能，令小腸能夠吸收食物營養與礦物質，再輸送到身體各個部分。氯化物把食物變成人體所需的能量，是人體新陳代謝必需的元素。 氯化物和鈉可以說是一對組合，日常飲食用到的食鹽正是由氯化物和鈉組成，食鹽 (salt) 的化學名稱便是氯化鈉 (sodium chloride) ，當中氯和鈉的佔比大約是 6：4。
二氧化矽或二氧化硅 (Silica, SiO_2)	二氧化矽協助身體吸收鈣質，有助強化牙齒、骨骼和指甲。另外，二氧化矽協助身體形成膠原蛋白，亦因此被稱為「美容礦物質」。二氧化矽有助皮膚和毛髮健康，令皮膚和毛髮散發天然光澤。二氧化矽亦有助修復韌帶、肌腱和結締組織，也有協助身體排走重金屬的功能，預防神經系統受損及癡呆症。
氟化物 (Fluoride, F)	氟化物是骨骼和牙齒中的重要物質，有助預防骨質疏鬆、協助牙齒生長、抑制蛀牙和預防牙齒礦化。
鐵 (Iron, Fe)	鐵是紅血球和血紅蛋白 (血紅素) 的重要組成部分，協助將氧氣從肺部輸送到身體各個不同部位。鐵也是肌紅蛋白的重要組成部分，負責協助肌肉吸收氧氣。另外，鐵也協助發揮感觀認知機能、參與能量代謝、協助免疫系統正常操作、預防容易疲倦和協助 DNA 的建構。
鋅 (Zinc, Zn)	鋅對保持多種酵素的活性和細胞抗氧化有重要的作用，鋅是超過三百種酵素的輔助因子，這些酵素影響腎臟、肌肉、皮膚、眼睛和骨骼等的細胞健康。鋅亦參與基因和遺傳物質的創造，許多與 DNA 結合的蛋白質都含有鋅，是 DNA 結合蛋白質的必要結構成分，對 DNA 的形成和修復十分重要。此外，鋅亦參與各種新陳代謝機能，協助製造紅血球和血紅蛋白，維持免疫系統運作正常，協助傷口癒合和對生長荷爾蒙有幫助。

以上簡介了礦物質的部分主要功能，礦物質的功能及對身體的功用十分廣泛，不能在此詳列，世界衛生組織及世界各地的醫學權威組織對礦物質的臨床研究已經有很長久的歷史，要詳細探討每一種礦物質對健康的影響，都可以在網上找到很多厚厚的研究報告，例如在世界衛生組織的網站，也上載了很多關於不同礦物質對健康影響的臨床研究報告和資料，內容十分詳盡。

礦物質的攝取量

至於每人每日需要吸收的礦物質分量，沒有劃一的標準。每個人的礦物質需求量，都會因應年齡、性別、身體狀況、生活環境、工作性質等等有所不同，因為上述的因素會令身體有不同程度的礦物質消耗，需要的補充自然也有所不同了。例如，從事腦力消耗的文書工作和從事體力消耗的工作需要的礦物質補充會有所不同，而參加戶內活動以及戶外活動的消耗又會有所不同。又例如鈣質，女性比男性需要吸收更多的鈣，而女童、發育時期、中年、老年女性所需要的鈣又不同，一般女性與懷孕中或哺乳中的女性需要的鈣吸收又有不同。因此，礦物質的流失受上述多個因素影響，每人每日所需要的礦物質補充都會不同，不能一概而論。

所以，不同國家、機構、組織或會就每日礦物質「建議攝取量」提供指引，但這只是一般情況下的建議攝取量，與個人的「實際需要攝取量」有差別，而世界上並沒有一個統一的礦物質建議攝取量標準。雖然，世界各國對礦物質建議攝取量邏輯上有一致性的方向，但所建議的攝取量數值仍略有不同，這與不同國家的地理環境、氣候、氣温等因素也有關係，因為這些因素亦會影響身體礦物質的消耗量。例如，在北極和赤度，或在高山和低谷，身體狀況也會不同，因此身體礦物質的消耗也會不同吧，需要攝取的礦物質數量自然也不同。

那麼，怎樣才可以知道自己身體的「實際需要攝取量」呢？其實沒有必要去找答案，亦不可能找到答案，因為所謂的實際需要攝取量是浮動的，因應我們每天的活動都不一樣，實際消耗量因而也不一樣，實際需要攝取量自然每天都在變，沒有一個固定的數值。只要參考國家或政府的建議攝取量就足夠了，不必擔心建議攝取量比個人實際需要攝取量多或少，當我們攝取多了，身體有機能儲存或排走多出的礦物質，相反，當攝取的礦物質數量不夠用時，身體也有機能調動儲存體內的礦物質作補充。所以，重點是每日都要為身體補充，因為我們每日都在消耗體內的礦物質。當然，如果意識到礦物質消耗比平常多，例如多做了運動，那麼就要多加補充礦物質了，身體消耗量增加，實際需要攝取量自然也會增加。

既然礦物質這麼重要，我們應該怎樣為身體補充呢？我們的礦物質補充主要是從飲食中攝取，而飲用礦泉水是補充身體礦物質的有效方法之一。礦泉水中的礦物質，主要源自山體的岩石層。礦泉水的來源是天上的雨水，雨水滲入山體，再滲透岩石層，過程會溶解並吸收岩石層中的礦物質，這便是礦物質的由來。所以，礦泉水中的水和礦物質都是純天然的，並不是人工添加的，因此礦泉水又稱為「天然礦泉水」，英文是 Natural Mineral Water，必定有 Natural 這個字，而這

「天然」一詞非常重要。市面上有一種水，是在過濾水或蒸餾水中添加食用礦物質添加劑，這種水名為礦物質水 (Mineralised Water)，與礦泉水 (Natural Mineral Water) 是兩種完全不同的水，這要懂得分清楚，千萬不要混淆。雖然礦泉水和礦物質水的名稱相近，但這兩種水的特質和健康效益是有很大分別的。

總結：礦物質是一種營養素，是人類維生的必需品，不同的礦物質各具健康效益。

chapter 2 如何尋找適合個人飲用的水

水對健康太重要了，我們每天都要喝水，為了自己的身體健康，必需挑選適合自己的水。偏偏，有很多人覺得水就是水，都是一樣的，沒有甚麼好挑選，更甚者覺得喝水只為生存、解渴，喝了不會肚子痛，能維生便可以了。

水的其中一個重要功能是為我們身體輸送營養，令我們與生俱來的調節、修復、免疫、代謝等機能運作良好，身體自然就會健康。所以，喝水要注意營養，才可以為身體有效補充所需，而喝礦泉水是一個很好的選擇。礦物質是身體的必需品，是讓身體機能運作暢順的必要元素，礦泉水中蘊含多種不同的礦物質，可以直接、快速地為我們身體補充所需。

甚麼是「最好的水」

經常會有人問的一個問題，礦泉水有益健康，那麼在眾多礦泉水品牌中，哪一款礦泉水是「最好」呢？只要喝了世界上「最好的水」

便會得到健康，這種神仙水當然人人想知，人人想要。只可惜，世界上並不存在「最好的水」。

每個人的性別、體質、年齡階段、生活習慣、工作性質、飲食習慣、日常活動等等都會不同，而這些因素都會影響我們身體的消耗，當每個人的消耗狀況和程度都不同時，身體需要補充的礦物質自然也不同。對於我來說「最好的水」，未必會是你「最好的水」，因為我們的消耗及需要都不一樣，所謂「最好的水」也就因人而異，可以說，「最好的水」並不存在。

甚麼是世界上「最好的水」這個問題，就好比甚麼是世界上「最好的車」一樣，是不存在的。如果我喜歡追求刺激和速度感，那麼雙座位跑車對我來說或許是「最好」的。但是，對於一個有 3 至 4 人的家庭來說，雙座位跑車並沒有足夠的座位，外出都不能接載家庭成員，相比之下 5 人車或者會比較「合適」。而對於一個有 6 至 7 人的家庭來說，5 人車又不夠用了，7 人車又會比較「合適」。所以，世界上並沒有「最好的車」，只有比較「合適的車」。同樣道理，世界上也沒有「最好的水」，只有比較「合適的水」，因為每個人的需要都不一樣。「合適的水」是因人而異的，對我來說是「合適的水」，未必會適合你。同樣地，你的「合適的水」，也未必適合我。

沒有最好的水，只有合適的水

那麼，究竟甚麼才是適合自己的水呢？ 要尋找自己「合適的水」，其實並不難。而尋找「合適的水」的秘訣，首先是要了解不同礦物質的功能及健康效益，然後對照自己的身體狀況或健康目標，便會知道哪些礦物質對自己有幫助，再找含有該種礦物質的礦泉水，而在每天的喝水量中，最少喝 1 公升這款礦泉水，就是這麼簡單。

舉一個簡單例子，鎂的其中一個功能是協助身體放鬆肌肉神經。假設每當做完運動，都會感到肌肉十分繃緊，總是很難放鬆，這便是身體的一個警號了。可以多喝含有鎂的礦泉水，為身體補充鎂，從而協助身體發揮放鬆肌肉的調節機能，紓緩運動後收緊的肌肉。不過，千萬不要等到做完運動，或感到肌肉繃緊時才喝，而是在運動前、運動期間和運動後都要喝。

再多舉一個例子，鈣質對骨骼健康十分重要，如果目標是要改善骨骼健康，可以找含有豐富鈣質的礦泉水品牌，每天最少喝 1 公升，為身體持續補充足夠鈣質，便可強健骨骼。這些都是簡單的舉例，按照這個邏輯，根據自己的身體狀況及健康目標，配對適合自己的礦物質便可以找到你個人「合適的水」了。

合適的水要持續喝

但要謹記，不要覺得礦泉水是聖水，喝 1 公升便可以解決所有問題，不是喝 1 公升便會馬上出現效果的。喝水不是吃藥，不會有馬上明顯的藥效，有時吃藥也不會馬上有明顯效果吧。如果剛開始轉用礦泉水，需要喝一段時間，身體才會感受到效果，因為身體需要時間去吸收、調度、適應，通過多次的水循環，重覆多次的吸收和排泄，逐少逐少地為身體「換水」。一般來說，連續喝大約 30 天的礦泉水後，可以開始感受到身體產生變化，例如一些身體的小毛病或徵狀，都會慢慢減輕，甚至消失。每個人的體質都不同，有些人短時間內便開始感受到變化，但有些人則需要較長時間。

另外，不要覺得喝 1 公升便會得到永久的力量，之後不用再喝。要持續每天都喝，因為身體每天都會消耗能量，要持續為身體作出補充，才能令身體機能保持暢順運作。當然，也不要只着重某一種礦物質的補充，而忽略其他的礦物質，注意礦物質的均衡吸收也十分重要。例如，不同品牌的礦泉水，所含的礦物質種類和分量都不同，喝不同品牌的礦泉水，可以為身體分別補充多種的礦物質。而礦泉水較常見的礦物質有鈣、鎂、鈉、鉀、硫酸鹽、氟化物、鋅、鐵、氯化物、碳酸氫鹽、二氧化矽等等。留意礦泉水包裝標籤，可以看到水中含有哪些礦物質和分量有多少。

要更深入了解礦物質的功能，除了本書外，在世界衛生組織、各國或地區政府的衛生部門都可以找到相關資料，而很多學府機關也有礦物質與健康的論文或研究報告，這些資料都可以很容易在網上找到。

總結：多了解礦物質的功能，並多留意礦泉水的礦物質標籤，會較容易找到適合個人飲用的水。

chapter

為甚麼鈣質對中年女士特別重要？

世界上有很多臨床研究證實，鈣質對生命和健康的影響力非常大，人體內的鈣含量大約有 1 公斤，佔人的總體重約不足 2%，是我們身體所必需的礦物質營養。鈣質與健康的關係非常密切，對人體內多種機能運作擔任重要的角色，我們在日常生活中常會聽到「補鈣」一詞，但鈣質究竟是甚麼，卻未必人人都清楚知道。

首先，鈣質對骨骼健康十分重要，我們在不同的渠道都會聽到鈣對骨骼有重要影響，無論見醫生、營養師，甚至看含有鈣質的產品的廣告，都告訴我們骨骼的健康和鈣有離不開的關係。而事實上，鈣是骨骼的主要結構成分之一，即是骨的一部分其實是由鈣質組成，鈣佔骨骼的總重量有大約 40% 之多，鈣對骨骼健康的重要性不言而喻。

人體中的血鈣和骨鈣

如果有做過身體檢查，有一些檢查項目會包含「血鈣指數」或「血鈣值」。除了骨骼含有鈣質之外，原來血液也含有鈣質。究竟「血鈣」和「骨鈣」有甚麼分別呢？身體的鈣質主要是儲存在骨之中，即是骨鈣，因此骨也被稱為人體的鈣質儲存庫。當身體的其他部分需要鈣時，便會調動儲存在骨中的骨鈣加以補充，從而達至平衡。例如血，血也含有鈣，稱為血鈣，當血鈣濃度偏低時，便會調動骨鈣加以補充，相反，當血鈣濃度偏高時，便會沉澱並儲存在骨鈣之中，或者經過排泄系統排出體外，因此，血鈣的濃度是相當穩定的，會維持在 9-10 mg/dL 左右。

認識造骨細胞和破骨細胞

鈣質對預防骨質疏鬆症有很重要的影響，要知道鈣與骨質疏鬆的關係，我們先要了解骨的新陳代謝的循環運作。在骨骼之中存在兩種細胞：造骨細胞和破骨細胞。破骨細胞又稱蝕骨細胞，它的工作是將損耗了的骨組織分解，並釋放和吸收當中的鈣質，過程會在骨骼表面造成破壞，形成一個一個的小孔、空隙。而造骨細胞的工作顧名思義是製造新的骨頭，將破骨細胞造成的破壞進行修補，過程中需要動用鈣質及其他礦物質去填補小孔、空隙及進行加固，鞏固骨骼結構。骨骼每天都在不停重複地進行破壞和重建的工作，這就是骨骼的新陳代謝的循環運作，對骨骼的形成、維護和修復扮演重要角色。

所以，破骨細胞和造骨細胞的相互協同作用，對骨質重塑和骨組織的平衡非常重要，是整個骨骼代謝循環的兩大發電機。破骨細胞分解老舊的骨組織，釋放物質和騰出空間，而造骨細胞負責善後工作，動用、堆積、沉澱鈣質填補空間，形成和鞏固新的骨組織。破骨細胞和造骨細胞的相互作用，維持了骨組織的動態平衡，不單對骨骼結構的完整性和代謝功能十分重要，更在骨折和骨科相關疾病的修復和治療中起重要作用。

如果身體缺乏鈣質，會影響造骨細胞對骨的重建工作，例如無法完好修補破骨細胞造成的小孔，或者無法鞏固骨骼的結構，便會容易造成骨質的流失，骨骼會慢慢變得脆弱，最後導致骨質疏鬆症。另外，隨着年齡增長，造骨細胞的造骨能力會逐漸下降，當骨質重建的速度減慢，而鈣質的補充又不足時，容易導致破骨細胞造成的小孔、空隙殘留在骨骼的表面，骨質流失及患上骨質疏鬆症的風險會隨之增加。因此，患上骨質疏鬆症的通常都是較年長的人士，特別是更年期後的婦女，而補充鈣質也對年長人士特別重要。而且，骨質疏鬆症往往很難被發現的，因為骨組織是生長在身體之內，肉眼看不見，罹患骨質疏鬆症通常是在跌倒後出現骨折時發現的，往往發現時已經太遲。所以，我們需要為身體補充足夠的鈣質，為造骨細胞提供原材料，構建強健的骨骼組織。

血鈣與骨質疏鬆症的關係

另外，低血鈣也是導致骨質疏鬆症的因素之一，特別在骨鈣儲備不足的情況下，會造成骨質不斷流失。維持穩定的血鈣濃度是身體的優先處理事項，當血鈣濃度偏低時，身體會先調動骨鈣儲備來補給。

但是，如果骨鈣的儲備又不足時，身體便會催化破骨細胞工作，破壞骨的表面，分解並釋出骨組織內的鈣質拿來使用和補給，以維持血鈣濃度穩定，因此造成骨質流失。所以，為了確保骨鈣有足夠儲備，每天為身體補充鈣質是非常重要的。

當說到補鈣，很多人都會想到喝牛奶和吃鈣片。牛奶的確含豐富鈣質，亦容易被人體吸收，可是牛奶同時也含有較高的脂肪，有致胖的隱憂。而澳洲維多利亞州政府在健康頻道指出，牛奶是一種致敏源，而敏感問題在兒童之間尤其普遍，平均每 50 個兒童就有一個面對因牛奶引起的敏感困擾。另外，社會也有關於飲牛奶是否人道的討論。而鈣片更應該避免。世界衛生組織發表了一份名為“Calcium and Magnesium in Drinking Water”的報告，報告綜合了很多臨床研究指出，服食鈣片會增加患腎結石的風險。

礦泉水含有天然的鈣質，不同水源地出產的礦泉水，當中的鈣質含量也不同，而鈣質含量可以在包裝上的標籤看到。喝礦泉水是一種既天然又無害的補充鈣質的途徑。可是，說到要補鈣很多人往往會想到吃鈣片或喝牛奶，礦泉水經常被忽略。

鈣質的建議攝取量

至於鈣質的每日建議攝取量，不同的國家和權威組織都會略有不同，並沒有一個劃一的國際標準，但都是大同小異及有一致性的方向。以下是一般情況下的每日建議攝取量，個人的具體需求可能因健康狀況、生活方式和其他因素而有所不同。如果有特殊情況或需要更具體的建議，最好諮詢專業人士。

鈣質的每日建議攝取量

年齡	鈣（毫克）
0-6 個月	200
6-12 個月	260
1-3 歲	700
4-8 歲	1000
9-18 歲	1200
19-70 歲男性	800
19-70 歲女性	1200
71 歲以上	1200

性別影響鈣質需求

從觀察鈣質的每日建議攝取量，不難發現女性比男性需要更多的鈣質。除了因為女性在生理上的特徵，例如月經和懷孕生育過程時，會增加身體對鈣質的需求之外，男性的身體結構在骨質密度和骨鈣含量方面比女性為高。男性的骨架一般比女性高大粗壯，所以男性的身高通常比女性高，就算身高相近，男性的骨質密度和骨鈣含量仍然比女性高，這情況與不同性別的身體所產生的荷爾蒙激素有關。睪固酮是男性的主要荷爾蒙激素，而睪固酮可以促進骨骼的形成和生長。另一方面，雌激素是女性的主要荷爾蒙激素，雖然雌激素有助於骨鈣的儲存及維持體內鈣質的平衡，卻會減低骨骼的生長。而女性在 50 歲左右開始停經和進入更年期時，身體的荷爾蒙激素會產生變化，雌激素的分泌速度會快速下降，濃度甚至會下降到比男性還要低。而雌激素的另一功能是抑制破骨細胞的活動，當女性體內雌激素分泌驟減，會刺激破骨細胞增加活動，促使體內的骨質急遽流失。所以鈣質的補充對女性來說是尤其重要的。

這並不代表男性不需要注意鈣質吸收。相比起女性，男性的睪固酮分泌下降速度比較慢，通常到了 70 歲才開始出現分泌的數量不足以維持骨質正常的狀況，而到了 70 歲才出現骨質疏鬆症，由於整體的身體機能退化，往往會不利於治療和康復。英國牛津大學在 2010 年發表了一份研究報告，這是一項全國性的研究，根劇國家醫院在 4 年時間超過 41,000 名髖骨附近位置骨折患者的記錄，對照和分析這些患者的性別、年齡、骨折狀況、治療方法、服用的藥物、併發症、死亡率等資料，結果發現男性骨折患者在發病的第一年內的死亡率高達 37%，比女性患者的死亡率顯著為高，高出 11%。所以，男性也必需要注意鈣質吸收和骨質健康。

鈣質的補充對維持骨骼的新陳代謝及健康十分重要，我們每天都要吸收足夠鈣質，為造骨機能提供原材料，鞏固骨骼。而我們的日常飲食習慣會影響身體吸收鈣質的效率，這一點不可忽視。例如，礦物質鎂、矽、和鋅是協助身體吸收鈣質的重要媒介，而曬太陽時產生的維他命 D 同樣有助身體吸收鈣質。反之，磷質與鈣質有相互抗衡競爭的關係，會影響彼此的吸收，當我們攝取大量的磷質，而鈣質的攝取又不足時，身體容易出現缺鈣的情況。另外，咖啡因也會妨礙身體吸收鈣質。

鈣質對健康的重要性，遠遠超出我們的想像。除了骨骼健康外，鈣質對牙齒健康及人體免疫、神經、心血管、內分泌、消化、生殖等多個循環系統有着密切的關係。

總結：女性的身體結構比男性需要更多的鈣質，更年期後的婦女的鈣質流失會急遽加快，需要留意鈣質補充。

chapter

要健康應該喝軟水還是硬水

水有軟水和硬水之分。水的軟、硬度，在科學的層面上一向都有定義和標準。而水是屬於軟水或硬水，是取決於水含有多少的礦物質而定。簡單而言，軟水是指礦物質含量較低的水，而硬水是指礦物質含量較高的水。

水與健康總是被劃上等號，喝軟水還是硬水對健康較有好處，社會上有不同的說法，不時會聽到相關的討論。有些說軟水對健康比較好，有些說硬水比較好。然而，大多數人傾向認為「水是軟的好」，喝清澈、乾淨、沒有礦物質的軟水口感輕盈，乎合大眾普遍認為飲用水該有的特質，喝進肚子感覺也比較安全。

關於硬水的刻板印象

至於硬水，普遍不被看好。可能名字改得不好吧，把硬繃繃的東西喝進肚子，感覺不太好，還是喝軟綿綿的東西舒服一點。更有人呼籲要避免喝硬水，甚至認為硬水或會危害健康，但沒有具體說明原因，理據比較含糊不清。

其實，軟水還是硬水對健康較好這個問題，只要清楚了解礦物質是甚麼，答案就顯示而見。礦物質是一種營養素，是維生的必需品。軟水還是硬水對健康比較好這個問題，其實，換另一個說法便是礦物質含量多還是少對健康比較好，又或者營養素含量多還是少對健康比較好，這樣解讀的話，答案便會變得明顯不過了。用另一個比喻會更加容易理解。維他命 C 含量低的「軟橙」，或維他命 C 含量高的「硬橙」，哪一種橙對健康比較好呢？很明顯是維他命 C 高會好一點吧。

〰 關於飲用硬水的臨床研究

首先，世界衛生組織在一次日內瓦會議已經澄清了「飲用硬水對健康無害 (no known adverse health effect)」，而世界衛生組織在 2009 年發表了一份報告，內容是關於硬水對公共衛生的影響，報告的總結是硬水中的礦物質鈣和鎂，有助預防骨質疏鬆症、腎結石、高血壓、中風、糖尿病、癲癇症、心律不整和心臟病等多種疾病。

就飲用硬水對健康的影響，其實世界各地的政府及衛生機關進行過很多臨床研究。美國國家生物技術資訊中心在 2013 年發表了一份研究報告，報告總匯了多個國家或地區有關飲用硬水對健康影響的臨床研究結果。例如瑞典曾經用了 15 年時間在 7 個縣共 76 個社區進行有關飲用水與心臟病、中風死亡率的調查研究，結果發現位於東部地區使用硬水的城市，無論在心臟病或中風的死亡率都比西部地區使用軟水的城市低，分別低 41% 和 14% 之多。芬蘭也就飲用硬水和心臟病個案做過臨床研究，結果發現飲用硬水的病人，心臟病發病的相對風險比起飲用軟水的病人低 2.7 倍。飲用硬水的發病率和死亡率較低，可能歸功於硬水中的礦物質對心臟有抗壓作用。波蘭有研究發現飲用硬水有助減低患肝癌和胃癌的風險。台灣和日本亦有研究發現，飲用硬水有助減低患胃癌和結腸癌的風險。另外，也有其他研究發現，飲用硬水對腦血管健康、中樞神經系統健康、預防糖尿病、預防妊娠癲癇及早產、改善便秘等都有正面的作用。

硬水的味道

雖然，很多研究都支持硬水對健康的好處，但其實並非所有研究結果都是一面倒的，例如一些規模較小或在小社區進行的研究就未能確立硬水與減低患病風險的關係。無論如何，可以肯定的是，飲用硬水對健康無害，而且可以為身體提供礦物質所需。特別是在日常飲食中不注重吸收足夠礦物質的人士，硬水是為身體提供礦物質的安全和有效的途徑。

俗語有云「水清則無魚」，魚是無法在太清、太乾淨的水中生存，人類的飲用水也是一樣，長期飲用太清、太乾淨、不含任何礦物質的水並不合適。硬水中所含的礦物質，是人體必需的七大營養之一，喝硬水自然也有健康效益。不過，礦物質是有味道的，而水的硬度愈高，代表礦物質含量愈多，礦物質的味道也會愈明顯，而高硬度的硬水甚至會帶有一些苦澀味，喝下去口感亦會較厚重。所以，如果喝硬度高的硬水時感到有苦澀味，不要誤會是水質變壞，那是礦物質的味道，是正常的。

總結：一般而言，硬水所含的礦物質營養比軟水多，健康效益也因此較高。

chapter

認識低氘水及其對健康的影響

市面上有一種名為「低氘水」的產品，標榜水中的「氘」含量比一般的水為低，氘是由美國科學家哈羅德· 克萊頓· 尤里（Harold Clayton Urey）於 1931 年通過光譜檢測蒸發了的氫而發現的，而要知道氘是甚麼，首先要翻查氫的族譜，認識氫的同位素。

氫的家族成員

我們知道純水是由兩個氫和一個氧的 H_2O 所組成，當中的氫和氧可以以不同的形式存在，亦稱為同位素。氫的同位素有氕、氘、和氚，即是氫會以氕、氘、和氚的形式存在。在自然界中的氫，有 99.985% 是以「氕」的形式存在，是氫最常見和最穩定的同位素，可以說氫幾乎完全是以氕的形式存在，氫和氕也常被畫上等號。其餘 0.015% 的氫是以「氘」的形式存在，在自然界的氫中，氘和氕的比率大約為 1:6600。

至於「氚」可以說是幾乎不存在。雖然氚也會有極低的機率天然生成，但由於氚具有放射性，會發生衰變，半衰變期為大約 12.5 年，即每過 12.5 年就會減少一半，所以氚是很不穩定的同位素，在自然界的氚會因衰變而無聲無色地自動人間蒸發。而在科學研究或工業應用中使用的氚主要是通過人工合成或核反應中產生的，檢測氚的濃度也成為釐定核污水放射性强度的重要指標。

氫的同位素對照表

氫的同位素	英文名稱	符號	天然豐度	原子核
氕(音撇)	Protium	H	99.985%	1 個質子
氘(音都)	Deuterium	D 或 ^{2}H	0.015%	1 個質子 + 1 個中子
氚(音川)	Tritium	T 或 ^{3}H	幾乎不存在	1 個質子 + 2 個中子

在氫的族譜裏發現的同位素其實總共有 7 個，所以除了氕、氘、和氚外還有其他的成員 ^{4}H、^{5}H、^{6}H、和 ^{7}H，只是這些成員是屬於極之不穩定的同位素，轉瞬即逝，在自然界並不存在，只能通過人工合成產生，作特殊的科學和工業用途。

水分子都是 H_2O 嗎？

以上解釋了氕 (H)、氘 (D)、和氚 (T) 是甚麼，而它們對水分子的組成也有重要的影響。由於絕大部分的氫都是以氕 (H) 的形式存在，所以絕大部分的水分子都是以 H_2O 所組成。當中有少部分水分子中

的氫會以氘 (D) 的形式存在，含氘的水分子中可以是一個氕一個氘的 HDO，甚至更少見的含有兩個氘的水分子 D_2O。由於氘的原子核數量是氕的兩倍，氘的重量也是氕的兩倍，因此 H_2O 亦稱為輕水，HDO 亦稱為半重水，D_2O 亦稱為重水。

所以，我們在日常生活中所喝所用的水，並不盡是 H_2O，更準確的說法是水是由 H_2O、HDO、D_2O 聯合組成，只是 H_2O 佔了當中的絕大多數。一杯飲用水中含有無數的水分子，當中絕大部分的水分子都是只有氕的 H_2O，超過 99%。但也有微量含有氘的水分子，當中大約有 0.03% 是 HDO，而 D_2O 更是只有大約 0.000003%。

低氘水是甚麼？

至於市面上的低氘水，英文名稱是 Deuterium Depleted Water (DDW) 。顧名思義，低氘水中的氘濃度比一般的水更低，即是水中的 HDO 和 D_2O 水分子的佔比，比 0.03% 和 0.000003% 更加低。水中的氘含量，通常是以 ppm (Parts per million) 作量度單位，即是每一百萬個水分子中含有多少的氘，也可以理解成每 1 公升的水含有多少毫克的氘。一般飲用水的氘含量大概是 150ppm，即是每 1 公升的水含有大概 150 毫克的氘。

低氘水是標榜水中的氘含量比一般飲用水低。至於水中的氘含量究竟有多低才算是低氘水，目前並沒有一個統一的標準。一般來說，水中的氘含量低於一般飲用水的 150ppm，也可以稱為低氘水。

低氘水也被稱作超輕水

氘的重量是氕的兩倍，由於低氘水的氘濃度低，重量較輕，低氘水因此也被稱為超輕水。水的重量這個概念，其實在中國歷史提及過。宋代的宋徽宗在其著作《大觀茶論》中說「水以清輕甘潔為美。輕甘乃水之自然，獨為難得」。意思是美好的水應該具有清澈、輕盈、甘甜、潔淨等特質，而輕盈和甘甜的水源自天然，非常難得。

清代的乾隆皇帝在其詩賦《荷露煮茗》中的一段小序說「水以輕為貴，嘗製銀斗較之，玉泉水重一兩，唯塞上伊遜水尚可相埒」。乾隆皇帝曾經特別製造了一個銀斗，專門用來量度各地泉水的重量，並以水的重量做標準，比較天下水泉的優劣。結果發現京師的玉泉山水最輕，每斗水重一兩，另外只有塞上伊遜的水一樣是每斗重一兩。及後，乾隆皇帝製作了《玉泉山天下第一泉記》，記錄了這次以銀斗量度各地水的重量的結果，並說道「水之德在養人，其味貴甘，其質貴輕，然三者正相資，質輕者味必甘，飲之而蠲疴益壽，故辨水者，恆於其質之輕重，分泉之高下焉」。意思是甘甜的水為之味道好，重量輕的水為之質素高，然而重量輕的水必定是味道甘甜，多喝可以益壽，所以自古評水的人都會以泉水的重量來判斷水的優劣。

以科學的角度來說，水的重量主要取決於水中的氘的濃度，因此宋徽宗和乾隆皇帝說的輕水，以科學角度可以理解成是低氘水。乾隆皇帝認為喝低氘水這種輕水可以益壽，而恰巧地，乾隆皇帝是中國歷史上壽命最長的皇帝，享年 88 歲，在古代醫學條件較為落後的環境下算是相當長壽了，而清代皇帝的平均壽命只有 50 多歲。

低氘水對健康的影響

其實，關於飲用水中的氘濃度對健康影響的科學研究和臨床實驗，在 20 世紀中後期才開始出現。因此，這方面的科學研究歷史並不算長遠，部分研究的論點存在討論空間，一些論證亦有待進一步驗證，而有些研究亦表明氘的濃度對生物的生理機制的影響存在不確定因素。無論如何，不同範疇的研究得出的方向性結論仍然具有一定的參考價值。

一般來說，飲用少量氘濃度高的重水並不會對健康構成不良影響，但如果大量飲用重水，或會有損害腎臟和中樞神經系統功能的風險。重水本身雖然不是一種有毒的物質，但對許多動物來說重水是有毒的，因為大量的重水對細胞的代謝有不良影響，從而引起動物的身體組織變壞。情況就好像吸入大量的氮氣一樣，氮氣本身雖然是無毒的，但如果吸入過多的氮氣會導致體內的氧氣濃度下降，引起氮氣中毒和缺氧。亦有科學家指出，超高濃度的氘可使人在短時間內長出腫瘤，而純氘甚至可以是一種化學武器。

至於低氘水是完全無毒無害的，一般人可以正常飲用。由於普通的飲用水中氘含量本身已經很低，飲用氘含量再低一點的低氘水，對健康並不會產生不良影響。所以，一般來說飲用低氘水是安全的，甚至有一些研究發現飲用低氘水有利繁衍，對於人類的健康具有重要意義。

低氘水相關的臨床研究

就低氘水與健康的關係，不同的國家機構一直都有進行相關的臨床研究。以下分享一些較具規模的研究結果，當中有部分研究涉及動物臨床實驗，我想先作聲明，我並不支持對動物進行臨床實驗，此部分旨在分享已完成的研究作參考，並無鼓吹動物臨床實驗的目的。

俄羅斯科學院生物醫學問題研究所發現，長期飲用低氘水可以令動物的腫瘤停止分裂與生長，抑制惡性腫瘤的發展，甚至有延長動物壽命的跡象。不過，飲用低氘水的健康效益目前仍然存在爭議，不同層面的研究也存在不一致的結果。

匈牙利公共衞生部門的研究人員在 2013 年發表了一分臨床研究報告，該項研究是關於以低氘水作為輔助治療對肺癌患者的存活率的影響。共有 129 名的肺癌患者參加了這項臨床研究，研究年期由 1993 年持續到 2010 年，歷時長達 17 年。51 名女性患者和 78 名男性患者除了進行常規化療和放射治療外，也飲用氘含量介乎 25ppm 至 105ppm 的低氘水作為輔助治療。結果發現，飲用低氘水對肺癌患症的存活率有正面的影響。整體而言，在匈牙利的肺癌患者存活期當中，男性患者的中位數為 7.5 個月，女性患者的中位數為 11.3 個月。而參與臨床飲用低氘水的病患存活期，男性患者的中位數是 25.8 個月，女性患者的中位數是 74.1 個月，分別延長了 18.3 個月和 62.8 個月之多。另外，匈牙利的整體肺癌患者當中，有 5 年存活率的男性患者和女性患者分別為 10% 和 20.5%。而參與臨床飲用低氘水的肺癌患者當中，5 年存活率的男性患者和女性患者分別是 19% 和 52%，分別提高了 9% 和 31.5%。

此外，這項研究也檢測了低氘水對老鼠肺部組織基因的影響。研究觀察到低氘水影響了老鼠的細胞週期機制，低氘水可以令細胞環境中的氘濃度降低，並誘發壓力訊號，令細胞的分裂週期遲緩，因此對細胞的分裂有抑製作用。

匈牙利醫學院病理生理學研究所的研究人員在 2021 年發表了一分臨床研究報告，該項研究是關於低氘水對糖尿病患者的胰島素和血糖濃度的影響。共有 30 名年齡介乎 18 至 60 歲的糖尿病志願者參加了這項臨床研究，所有的志願者每天飲用 1.5 公升氘含量為 104ppm 的低氘水，連續飲用 90 天，結果發現低氘水對患者的生理調節有正面影響，不但可以緩解胰島素抵抗性，還有助降低空腹血糖水平，當中 11 位患者的身體葡萄糖處理和代謝能力更有明顯改善。

此外，這項研究也檢測了低氘水對老鼠葡萄糖代謝的的影響。試驗將 96 隻老鼠隨機分組，每個組別的老鼠飲用不同氘濃度的水，測試持續 8 個星期，然後對比不同氘濃度的水對老鼠葡萄糖代謝的影響。結果發現，比起喝氘濃度為 150ppm 的一般水的老鼠組別，喝氘濃度為 25、75、105 和 125 ppm 的低氘水的老鼠組別，無論胰島細胞形態、體積和分布都得到改善，而且血糖和血清指數也得到不同程度的改善。而在實驗的數據中有個有趣的發現，低氘水的氘濃度並不是愈低愈好，實驗結果顯示，125ppm 的低氘水對降低老鼠的血糖指數的效果最好。但是報告也指出低氘水對人類血糖代謝的具體影響需要作進一步研究，無論如何，這項研究的結論是，低氘水可以作為糖尿病患者輔助治療的一種無害的選擇。

另外，也有關於低氘水的研究呈不一致的結果。伊朗癌症研究中心的研究人員在 2014 年發表了一份報告，這項研究是針對低氘水和抗癌藥物對人類乳癌、胃癌、結腸癌、前列腺癌等不同細胞的影響，並通過檢測細胞變異數進行統計分析。結果發現，單獨使用低氘水對癌細胞生長沒有顯著的抑制作用，而單獨使用抗癌藥物則顯著降低癌細胞的存活率。不過，研究亦發現低氘水可以增强抗癌藥物的藥效，對乳癌和前列腺癌的病例影響尤其明顯，可以作為輔助醫療用途。而這項研究的結論是低氘水的抗癌作用仍有待釐清。

雖然，飲用低氘水的健康效益相關科學研究仍然存在不一致性，但研究普遍認為低氘水是無毒、無害的，可以放心飲用。

總結：低氘水的健康助益有待釐清，但有臨床研究發現低氘水對輔助癌症和糖尿病治療有潛在功效。

3

生活日常喝水貼士

chapter

為甚麼小朋友普遍不喜歡喝水？

小朋友不喜歡喝水，只喜歡喝高糖飲料，是很多家長遇到的棘手問題。很多人認為，小朋友喜歡甜食，所以喜歡糖果、雪糕、朱古力、汽水是自然不過的事。水淡而無味，小朋友不喜歡喝水是可以理解的。這或許是原因之一吧，不過，有一點需要糾正，水並不是無味的，水是有味道的。

小朋友的味覺不可小覷

其實，小朋友的味覺非常靈敏，比成年人要靈敏得多。人類的味蕾數量和形狀，會因應年齡而產生變化。隨着年齡增長，味蕾的數量會逐漸減少，而味蕾的形狀也會有所改變，由原來開放式的梨形，慢慢變得封閉。相比起開放的形狀，封閉形狀的味蕾不利於味道探索，影響味覺的接收。因此，老人家的味蕾數量少，加上形狀呈封閉，味覺往往會比較遲鈍。所以很多老人家會變得嗜鹹，原因就是他們的味蕾敏感度下降，從前習慣了的味道已經變淡。而小朋友的味覺就非常敏銳，不但味蕾的數量多，而且形態呈開放形有助味道探索。在小朋友敏銳的味覺之下，水的味道無所遁形，只是小朋友不懂得表達，不喜歡便不喝罷了。

那麼，為甚麼小朋友會抗拒水的味道？一般家長會給小朋友喝經過煲滾的自來水，有小朋友向家長反映水中有陣「怪味」，家長喝一口後覺得味道跟平時喝的水一樣，沒有不妥，便以為是小朋友不願喝水的藉口，不予理會。那麼，自來水真的有怪味嗎？如果有的話，怪味從何而來？莫非水變了質不能飲用？其實，香港的自來水的確有一種味道，而小朋友形容的「怪味」，並不是因為水已變質，反而是令自來水變得適合飲用的東西。

「怪味」的由來

香港的自來水主要來自中國廣東省的東江水，而東江水需要經過加工將其淨化後，才可成為飲用水。香港的水務署會先在東江水加入一些化學物質進行預先處理，例如明礬、熟石灰、聚電解質、高錳酸鉀、臭氧和粉狀活性碳等，其主要目的是減低東江水的味道和氣味，並將水中的雜質、顆粒等氧化和凝聚成較大的顆粒，方便後續的處理。然後水會引流進入澄清池，澄清池的作用是清除體積大的雜質和顆粒，然後將水引流進入濾水池，除去水中體積細小的微粒和懸浮物，經過澄清池和濾水池過濾後的水會流到接觸池，並在水中添加氯氣和臭氧進行消毒，之後水會輸送到清水池，然後派送到食水抽水站和配水庫，最後才經過分配系統，將食水配送到各個大廈的食水供應系統，供給市民使用。水在過濾和消毒後，為免在送往用戶中途有細菌滋生或侵入，水務署會在水中保留部分氯氣，所以入屋後的水依然會有「殘餘氯」。氯的味道十分强烈，就算水經過加熱煲滾，氯的味道仍然會殘留水中。小朋友的味覺比成人靈敏，對殘餘氯的味道感受最深，不喜歡喝是可以理解的。

殘餘氯的味道如何，大家夏天去游泳池，池水中往往有陣强烈的味道，那便是氯的味道了。當然，游泳池水的氯含量和濃度會比自來水的殘餘氯高出很多，而自來水的殘餘氯味道對成年人來說可能不太明顯，但對於味覺敏鋭的小朋友來說，卻是明顯不過。他們的感受最深，只是不懂得表達氯的味道，就形容是「怪味」。所以，當小朋友不願意喝水，家長因而感到氣餒時，不妨思考一下，給小朋友喝的水是甚麼味道。如果小朋友對殘餘氯的味道反感到滴水不沾的地步，在自來水無法缺少殘餘氯的情況下，家長可以考慮為小朋友轉用其他的飲用水，而市面上也有各式各樣的選擇。

飲用水的其他選擇

除了自來水，蒸餾水相信是我們最常喝的水。蒸餾水給我們一種很乾淨、無害的感覺，而且價錢相宜。那麼，蒸餾水適合小朋友喝嗎？ 蒸餾水是經過蒸餾工序生產而成的水，水先經過加熱煲滾至沸點後蒸發成水蒸氣。而原水中的污染物、雜質、礦物質等等，水蒸氣不會帶走這些物質，所以全部都會殘留在原本的容器中。然後，不帶任何物質的水蒸氣會被冷卻、凝固，還原成液態的純水，再過濾到另一個容器，最後入樽生產而成。所以，蒸餾水是把所有的有益或有害的物質通通去除掉，是純淨、乾淨的純水。

那麼，蒸餾水是如此純淨、乾淨的水，理論上應該沒有氯的味道，但是仍然有小朋友不喜歡喝。蒸餾水的生產過程的確可以去除氯的味道，雖然怪味沒有了，但由於製作過程將所有物質都去除得一乾二淨，是甚麼也沒有的純水，味道自然也欠奉，甚至會愈喝愈覺口淡淡。而且，蒸餾水的多重加工製作過程，難免會影響水的質感，令口感變得粗糙。這些在小朋友靈敏的味覺下，自然是無所遁形。

在家中安裝濾水機也是另一選擇，依靠濾水器中的濾芯功能可以將自來水的雜質隔離，而市面上大部分的濾水器都可以濾走殘餘氯。如果使用濾水器，要留意定期清潔和更換濾芯，否則過濾掉的物質會積聚在濾芯之中，而濾芯的環境長期濕潤，日子久了容易滋生細菌甚至病毒，經濾芯過濾的水反而變得有害。但是，就算經過濾水器濾走殘餘氯的水，有些小朋友依然不喜歡喝。雖然濾水器能夠濾走殘餘氯，卻並不能改變水的本質。香港的自來水原水是來自東江的水，原水的本質是江水，若未經加工處理是不能飲用的。而自來水入屋前由江水變成可飲用水，需要經過多重加工處理，難免影響了水的質感和味道。濾水器的主要功能是濾走雜質，去除水中的污染物、微生物、重金屬等，增加水的潔淨度，但並不能改變原水的本質。所以，濾水器並不是魔法棒，只能去除氯的味道，並不能將無味道的水變得好味道。

那麼，甚麼水對小朋友來說是好味道的呢？建議家長可以嘗試給小朋友喝天然的水，例如山泉水、冰川水、礦泉水等。天然的水從天然的水源取水入樽，生產過程不需要太多的過濾和消毒，水的本質便不致受繁複的生產過程所影響，可以保持水的天然味道和口感，小朋友喝了可以品嚐到天然原始的清甜和順滑，也會較容易接受。而天然礦泉水流經地下岩石層，得到岩石層的天然過濾之餘，更吸收了岩石層中的天然礦物質，是含有天然礦物質營養的水，可以為小朋友補充營養。礦物質是有味道的，不同品牌的礦泉水，由於礦物質含量不同，味道特質都不一樣，家長可以買不同品牌的礦泉水，讓小朋友探索不同的水的味道，有趣之餘又對健康有益。而有氣的礦泉水，氣泡在口中躍動，更額外帶來多一種口感。不過，香港的地理位置不利於天然水源的形成，所以香港並沒有本土出品的山泉水、冰川水、礦泉水，如果要喝這些水唯有購買從外地進口的品牌，而進口產品牽涉額外成本，例如船運、清關、課税等，價錢因而會比較貴。

令小朋友喝水事半功倍

所以，小朋友不喝水這棘手問題，明白了原因也許就不再棘手，而且也是解決有法，把難喝的水改為好喝的水就可以了，就像成人一樣，我們會避免吃味道不好的食物，美食自然便會吃了。

家長們也要留意，如果決定為小朋友轉換飲用水，不妨多花點心思，要成功令到小朋友「自動喝水」便會事半功倍。例如，小朋友都喜歡漂亮的東西，家長可以利用產品的特別包裝吸引小朋友喝水。舉一個例子，有一個礦泉水品牌的標誌是一個太陽的圖案，我們可以稱之為「太陽伯伯水」，「太陽伯伯」頗有童話故事的味道，小朋友聽到會開心，便會較願意嘗試去喝。試想像一下，叫小朋友「喝水」和「喝太陽伯伯水」，比較之下，「喝太陽伯伯水」的吸引力會高出很多。

另外，看準時機也十分重要，假設決定要讓小朋友轉用礦泉水，給他們喝的第一口要選擇一個合適時機。例如，要避免在他吃飽、喝飽，或鬧脾氣時給他喝，因為在這些狀態下，小朋友的心情不好，感觀會被情緒影響，這時再好味道他們也會不屑一顧。所以要慎選時機，避免被一些負面因素或情緒影響了小朋友的體驗。家長可以等小朋友口渴、開心玩樂後或心情輕鬆時才讓他們喝第一口，好心情配合好味道的水，給他們的第一口要是愉快的體驗，覺得喝水愉快，往後事情就會好辦得多了。也要謹記在喝水前，千萬不要給他們吃糖果、朱古力、牛奶、汽水等的濃味食物和飲品，否則礦泉水的味道會被掩蓋，他們的感觀也會被干擾，好味道的水也會變得無味道。

但說到底，真材實料才是最重要。再次强調，小朋友的味覺是很靈敏的，要他們愛上喝水，水要有質素、好味道、這亦是重中之中，千萬不要少看小朋友的味覺，他們品味的能力很强，比成人更强，只是他們不懂得說和形容。好味道的水他們便喝，味道不好的水絕對騙不過他們的味覺。

總結：小朋友味覺靈敏，可以嚐到自來水中殘餘氯的味道，這是不喜歡喝水的原因。解決方法是嘗試給小朋友喝天然礦泉水。

chapter 3 喝水真的可以解酒嗎？

對一些人來說，喝酒是生活不可或缺的一部分，有些人透過攝取酒精可以緩解日常生活中的緊張壓力，甚至可以獲得快樂，而出外用餐、節日團聚、親友聚會時，小酎幾杯也是少不了，甚至痛飲一番，一邊喝酒一邊談天說地，總是有說不完的話題，聊得特別暢快，氣氛活躍起來，喝酒也成為人與人之間溝通和增進感情的一種社交工具。不過，興之所致，不知不覺酒喝多了，酒過三巡造成身體不適的情況，也是少不免會發生。在這個時候，通常會有朋友倒一杯水，幫助解酒。那麼，喝水真的可以解酒嗎？要知道喝水能否解酒，首先要了解我們身體是如何分解酒精的。

身體分解酒精的過程

我們喝酒後，酒精進入身體內，會經由一系列的代謝活動進行分解。首先，酒精會到達胃部、十二指腸和空腸，進行消化和吸收，如果在空腹的情況下喝酒，酒精吸收的速度會變快，只需要大約 15 分鐘便可吸收 50%。酒精吸收速度快會加劇身體分解酒精的負荷，所以有不要空腹喝酒之說，就是要避免酒精吸收太快，喝酒前最好吃點食物「墊墊底」。

酒精經胃部、十二指腸、空腸消化和吸收後，當中大約 10% 會通過尿液、呼吸道或汗液排出體外。因此，有喝完酒的人在身邊擦過會聞到「一身酒氣」，而警察用來捉拿酒後駕駛俗稱「吹波仔」的檢查呼氣測試，可以測出呼氣時的酒精濃度比例。至於殘留體內 90% 的酒精，便是經由我們的肝臟處理了，所以多喝酒會為肝臟帶來負荷，也是喝酒會傷肝之說的由來。肝臟會將酒精轉化為一種叫「乙醛」的物質，最後分解及轉化成二氧化碳和水排出體外，過程中同時會釋放出大量的熱能，而這些熱能便是「喝酒可以暖身」的由來。

乙醛是甚麼

那麼乙醛其實是甚麼呢？相比乙醛，大家可能對甲醛會比較熟識。甲醛和乙醛，可以說是來自「同一家族」。甲醛是有毒物質，乙醛也是一樣有毒的，而乙醛更是一級毒物。乙醛是酒精的有毒代謝產物，所以，有喝酒會傷身的說法，其實傷身的不是酒精，真正的元兇是乙醛。根據性別和體質的差異，每個人身體的代謝酒精的能力和速度都會有所不同，一般來說，男性喝一支 500 毫升的啤酒，分解當中酒精的時間大約需要兩個小時，而女性需要大約三個小時，如果喝酒精濃度高的酒，所需時間會更長。此外，當喝酒的數量多，或喝酒的時間長，由於身體需要數小時分解酒精，一身的酒氣便容易殘存到第二天。所以，如果有重要的會議或約會，切忌在前一天喝太多酒，或喝至深夜，否則帶着一身酒氣在重要場合出現並不理想。

另外，喝酒也切忌過量，要適可而止。當喝酒過量時，身體不斷地吸收乙醛，但又來不及分解，便會造成乙醛在身體內過度積聚。乙醛是有害的物質，當體內積聚了過多的乙醛，大腦便會向身體發出警號，觸發嘔吐，藉此減少體內乙醛的含量。所以酒喝得多會引致嘔吐，是身體自我保護機制的結果。有些人會以嘔吐來判斷別人的酒量或是否宿醉，其實嘔吐只是代表乙醛的攝取量超出了身體負荷。所以有些人就算喝到嘔吐仍然清醒，甚至嘔吐後仍然可以繼續喝酒，但當然這是不值得鼓勵的行為。

喝酒會導致缺水

喝酒時要注意補充水分。首先，由於酒精會抑制腎臟產生抗利尿激素，因此喝酒會產生利尿的效果。根據研究發現，以啤酒為例，人體在攝入 1000 毫升的啤酒後，就會排出 1100 毫升的尿液。因此，一旦大量飲酒，排尿次數自然也會跟着增多，若沒有及時補充水分，身體會容易因大量流失體液而出現缺水、脫水等狀況，身體便會從各個器官及大腦抽取水分來彌補水分的流失。如此一來，大腦的水分減少，會導致大腦組織收縮，繼而牽動連接大腦與頭蓋骨的隔膜，引起頭痛問題。而睡眠時身體也會消耗水分，如果酒後沒有補充足夠的水分，身體會繼續抽取大腦的水分使用，一覺醒來也會有頭痛的問題。

喝酒導致缺水的成因除了酒精利尿外，身體分解乙醛也需要用到大量的水分。若果喝酒的分量多、速度快，會造成乙醛的攝取速度遠比分解快，如果沒有及時補充足夠水分，身體就會調動器官中的水分處理和分解乙醛，加劇身體脫水。所以，喝酒會加速消耗水分，容易使得體內的水分大量流失。喝酒期間一定要定時喝水，為身體補充水分，避免出現脫水的情況，同時協助身體排出乙醛，也可以稍稍稀釋在體內的酒精濃度。酒後同樣要適當補充水分，這有助促進新陳代謝，並為大腦補充水分，減少酒後的不適。而酒精的鉀含量高，鉀和鈉之間有相互抗爭的關係，喝酒攝取高濃度的鉀容易造成體內的鈉流失。因此，挑選含有適量鈉的礦泉水會更好，除了補充水分外，更可以補充流失的礦物質。

喝水有助分解乙醛，不過，如果想要通過喝水來消解醉酒出現的後遺症，例如面紅、頭痛、頭暈、噁心、嘔吐、宿醉等，喝水並不能馬上消除這些狀況。無論如何，乙醛已被世界衛生組織定為一級致癌物，屬最高風險的級別，所以，喝水只能令喝酒對身體的傷害少一些、慢一些，最好還是要盡量避免喝酒。如果不得已要喝酒，那就碰碰杯就好，切忌喝酒過量。喝酒要小飲怡情，點到即止，不要以酩酊大醉收場。

總結：身體會將體內的酒精轉化成乙醛，喝酒時需要多補充水，幫助排出體內的乙醛。

chapter

在車尾箱存放膠樽水有問題嗎？

很多駕駛人士會在車尾箱內儲備一箱樽裝水，以備不時之需。口渴時可以補充水分，也可以提供給乘客飲用。但在車尾箱長期擺放樽裝水的做法是否安全受到質疑，特別是在天氣炎熱的夏天，車輛長期停泊在室外時，冷氣關掉了，再經過幾個小時或更長時間的太陽暴曬，令到車廂的溫度快速上升，而且高溫和熱度被困在封閉的車廂內，令車廂的環境儼如焗爐。在高熱的環境下，擔心樽裝水的品質會受到影響，特別是膠樽裝水，塑膠會否滲出化學物質，並溶解到水中，飲用這些水的健康風險受到關注。

膠樽的塑膠是由甚麼組成的？

樽裝水的塑膠普遍是由「聚對苯二甲酸乙二酯（polyethylene terephthalate）」製成，簡稱 PET。雖然，PET 本質上是一種安全的材料，被廣泛應用於製造塑膠樽裝水。然而，有研究發現 PET 在加熱時會釋放出化學物質，例如酚甲烷（Bisphenol A 或 BPA）、鄰苯二甲酸

二酯 (Di-(2-ethylhexyl) phthalate 或 DEHP)、銻化合物 (Antimony) 等。美國食物及藥物監督管理局指出酚甲烷或對生殖系統產生負面影響，世界衛生組織指出鄰苯二甲酸二酯或會干擾內分泌系統，對生育構成風險，而隸屬世界衛生組織的國際癌症研究機構指出，要留意銻化合物的致癌風險。

其實，大多數的塑膠製品，都會向其盛載的食物或飲品釋放化學物質，問題只是數量的多少、是否超標及會否影響到健康。而影響化學物質的釋放，溫度是一個非常重要的因素。隨着溫度的增加，塑膠中的物質分子繞動的速度會變快，令化學鍵受破壞和分解，使化學物質更容易從塑膠中釋放，再進入塑膠容器所盛載的食物或飲料之中。溫度愈高，塑膠的化學鍵的分解速度愈快，化學物質釋放的數量也會愈多。

高溫對塑膠所產生的影響的實驗

就車尾箱存放膠樽裝水的安全風險，有機構進行過相關研究。美國亞利桑那州立大學的科學家在 2008 年進行了一項研究，測試熱量與塑膠樽內水的銻化合物釋放的關係，結果發現，天氣愈熱，水受到銻化合物污染的速度愈快，而在攝氏 65 度的情況下，水在 38 日後的銻化合物含量錄得超標。根據《國家地理雜誌》的報道，中國和墨西哥分別在 2014 年和 2016 年進行過相類似的研究，結果一致發現在攝氏 65 度的情況下，塑膠樽內水的銻化合物含量最高。

然而，美國食物及藥物管理局指出，使用附合生產規定的塑膠樽，在未開封的情況下，就算在炎熱環境存放仍然可以安全飲用的。美國佛羅里達大學在 2014 年進行了一項研究，將 16 個不同品牌的膠樽裝水樣本放在同一輛汽車內。經過太陽暴曬，車廂內的溫度一度高達攝氏 70 度。一個月後再進行樣本檢測，結果發現，在 16 個樣本當中，只有一個樣本的銻化合物含量超出美國國家環境保護局的標準，該局的標準是每公升水不得超過 6 微克 (6 μg/L)，比世界衞生組織每公升水不超過 20 微克 (20 μg/L) 的標準更加嚴謹。

科威特大學生命科學學院在 2020 年發表了一份研究報告，該研究是關於儲存環境溫度對膠樽水釋放化學物質的影響。研究人員將一部分膠樽裝水的樣本，在分別攝氏 -5 度、25 度和 50 度下儲存 24 小時，另一部分則儲存 7 天。結果發現，在攝氏 -5 度和 25 度的情況下，樣本在儲存前和儲存後所含的化學物質濃度基本上沒有分別。而儲存在攝氏 50 度下的樣本，所含的化學物質的濃度，在 24 小時和 7 天內分別增加至每公升水含有 8.5 微克和 16.8 微克，雖然符合世界衞生組織的標準，但卻錄得明顯的升幅。這項研究的結論是，長時間在高温下儲存塑膠樽裝水可能導致水污染。

真的有必要避免在車箱存放膠樽水嗎？

雖然，美國食物及藥物管理局指出，高温令膠樽裝釋放的化學物質量，未必會引起即時的健康問題。而上述各項實驗的環境設定，都是在相當高温的環境，高達攝氏 50 度至 70 度，和相當長的時間，長達 7 至 38 天。在現實生活中，由於有日、夜交替，有陰、晴、雨天，車會有停泊在室內的時候，開車時也會開空調，長時間處於這樣高温的車箱機會並不大。況且，除非是不常開車的「星期日司機」，存放在車箱的水通常不會太久就已經喝完了。但是，以上實驗也確認了高温會加快塑膠釋放化學物質的速度。我們在日常生活中經常會接觸到塑膠，例如食用塑膠包裝的食品和飲品，這些微量的化學物質加起來的總和可以相當大，累積這些化學物質或會為健康帶來長期和深遠的影響，我們沒有必要冒這風險。因此，上述佛羅里達大學的研究雖然沒有發現銻化合物超標問題，但出於安全理由，他們仍然建議不要將膠樽裝水放置在車廂中超過一天。

另外，高温和陽光還可能導致塑膠樽變形或裂開，引起塑膠物質扭曲或外來細菌入侵，降低膠樽的品質和安全性，令水質更容易變壞。儘管高温令塑膠包裝釋放的化學物質未必帶來即時健康風險，但如果長期或過量吸收仍可能對健康帶來潛在威脅。為了降低健康風險，應該盡量避免將塑膠樽裝水長期暴露在高温和陽光直射下。如果發現塑膠樽受損、變形或滲漏，便不應繼續使用該產品。

要方便駕駛人士補充水分，其實還有其他選擇的，例如可以使用玻璃樽裝、鋁罐裝或紙盒裝的水，便可以大大降低遭受化學污染的風險。如果飲用膠樽裝水，要注意車箱温度不要過高，多開空調，並盡早飲用存放在車箱內的水，避免長時間受熱，減低因高温導致膠樽釋放化學物質的風險。

總結：高温容易令塑膠釋放化學物質，存放在車箱內的膠樽水最好盡快飲用，避免長期受熱。

chapter

泡茶用水分享

茶葉必須用水沖泡，成為茶湯，人們才能享用，而泡茶所用的水的品質，會直接影響茶湯的品質。所以有「水是茶之母」之說，要泡製出一杯好茶，用合適的水非常重要。中國有很深遠悠久的喝茶文化和歷史，而中國人對茶的愛好程度，說是「寧可三日無糧，不可一日無茶」也絕不誇張。自古以來中國人對挑選泡茶用水非常講究，中國歷史上有很多關於評茶論水的古典著作。和古時相比，雖然現代的生活方式及環境有了很大的改變，但這些著作蘊含的古人智慧和經驗，極具參考價值，也一直被引用，對中國茶和水的文化，影響和貢獻非常深遠。

水對茶的重要性

明代的茶人和學者許次紓在其著作《茶疏》中說「精茗蘊香，借水而發，無水不可與論茶也」。意思是茶的精華蘊涵需要靠水來萃取，沒有好水談不上好茶。明代的茶人張源在其著作《張伯淵茶錄》中說「茶者水之神，水者茶之體。非真水莫顯其神，非精茶曷窺其體」。意思是只有水才能將茶的神韻發揮到極致，而茶亦能呈現水本身的個性。明末清初的茶人張大復在其著作《梅花草堂筆談》中說「茶性必發於水，八分之茶，遇十分之水，茶亦十分矣；八分之水，試十分之茶，茶只八分耳」。意思是要發揮茶的特質必需要用水，普通的茶葉用好的水來泡，也能泡出好茶。但是好的茶葉用普通的水來泡，也只能泡出普通的茶。

鍾情於茶、對茶有要求的朋友，總會願意花多點錢買上好的茶葉，渴望品嚐一杯上好的茶。買了上好的茶葉，當然不希望用錯水，十分的茶用八分的水來泡，結果只能泡出八分的茶，浪費了好茶葉，自然希望用最好的水來泡茶，泡製出十分的茶。那麼究竟用甚麼水泡茶最好呢？泡茶用甚麼水最好，其實沒有一個絕對的答案，要視乎沖泡的是甚麼茶，不同品種的茶，對水的要求不同，與水產生的協同也都不一樣。濃茶和淡茶、紅茶和白茶、生茶和熟茶等，特性都不一樣，對水的要求自然也不一樣。不可能有一種水泡甚麼茶都最出色，不可能「一水可以打天下」。世界上有成千上萬不同品種的茶，市面上茶葉的種類和品牌琳瑯滿目，要試盡每一種茶也可以喝上幾年，而水也是一樣，有上千上萬不同種類和品牌的水，在眾多不同的茶和水之間的配搭，充滿無限的創造性和可能性。而不同的配搭可以分別創造出怎樣的茶，對於品水師和茶藝師來說，有着無比的吸引力。

水在泡茶過程中所擔當的角色是「溶劑」。水本身具有溶解的能力，例如水能溶解咖啡粉、奶粉，煲湯可以溶解食物的味道和營養等。泡茶亦一樣，將水倒在茶葉中浸泡，會將茶葉中的味道、精華、營養等溶解到水中，成為茶液，這個過程稱為「萃取」。這與泡咖啡、奶粉、蜜糖水、煲湯、煲中藥等等的原理一樣。泡茶時用水的質素如何，會直接影響沖泡出來茶液的質素，例如用口感順滑的水，沖泡出來的茶也會較順滑；相反，用口感粗糙的水，沖泡出來的茶亦會比較粗糙。所以，水在沖茶過程中擔當非常重要的角色，因此有「水是茶之母」的說法。

茶聖陸羽論泡茶水

雖然，剛才提及過沒有一種水泡甚麼茶都是最出色的，但有一些水用來泡茶，雖然未必是最好，但整體效果也不會太差。相反，也會有一些水普遍來說不適合用來泡茶。唐代被譽為茶聖的陸羽在他的著作《茶經》中說，「其水，用山水上，江水中，井水下。其山水，揀乳泉，石池，漫流者上，其瀑涌湍漱，勿食之」。意思是泡茶用的水，山水最好，其次是江河的水，井水最差。而山水也最好用在乳泉或石池之間緩慢流動的水，不宜使用奔湧急速流動的水。

茶聖陸羽所說的山水可以理解做現在的山泉水。首先，山泉水是天然的水，沒有經過太多的加工處理，保留了水天然的、原始的味道，口感往往也會比較順滑，泡出來的茶也會清甜順滑。而且，山泉水在山體流動時，會吸收微量的礦物質，而這些礦物質可與茶葉中的多種物質產生協同，有助於茶葉的萃取，可以更有效地將茶葉的味道呈現在茶湯之中。

喜歡行山登高的人士，往往會發現一些從山的上游流下來的「山水」，用來洗面、洗手感覺清爽涼快，甚至直接喝上幾口，也感覺清甜順滑。千萬不要因為茶聖說「山水上」，就拿這些水去泡茶。因為我們不知道上游的衞生環境，無法保證水的品質，尤其是這些山水屬地表水，水流都是暴露在地面，水除了容易混雜沙石、塵埃之外，也有機會接觸到其他動物的排泄物、腐化物等的風險，因此容易滋生細菌、病毒，就算煲滾也未必可以完全清除，所以，用這些所謂的「山水」來泡茶並不衞生。

茶聖陸羽所說的江水，現在已經不適合用來泡茶了。在唐代的江水應該是相當清澈吧，可是現在的江水污染相當嚴重，往往含有多種污染物、重金屬、微生物、細菌甚至病毒，未經處理是不能飲用的。而要處理受到污染的江水往往要經過多重工序，水的質感會因而受影響，容易變得粗糙，較難泡出口感順滑的茶。另外，像香港使用的東江水一樣，如果處理過程中添加氯，對泡茶也是不理想，氯的味道强烈，就算經過加熱煲滾，氯的味道仍然會殘留在水中。用含有氯的水來沖泡茶的話，或多或少會使氯的味道混入茶中，直接影響了茶的味道，降低了茶的質素。所以，香港的自來水比較難泡製出高質的茶，原因是添加了氯。因此，茶聖陸羽的「山水上，江水中，井水下」，經過時代的變遷，水的質素也改變了，「山水上，井水中，江水下」在現代也許較能反映現實。

至於井水，是指地下水，較接近的是現代的礦泉水。礦泉水是否適合泡茶要視乎水的礦物質含量。而礦物質含量高的硬水其實並不適合用來泡茶，雖然礦物質可以和茶葉中的物質產生協同效應，但礦物質始終是物質，含量太多反而會「喧賓奪主」，容易干擾溶解茶葉的過程，令茶葉本身應有的味道被礦物質的味道遮蓋，降低了萃取茶葉的效益和質素，使茶葉的本質不能充分發揮和呈現在茶湯之中。此外，硬度高的水普遍含有較多的礦物質鈣和鎂，含有高鈣和鎂的水味道會呈苦澀，想像一下用有苦澀味的水來泡茶，味道會好嗎？而礦物質含量低的礦泉水，會相對適合泡茶，一般來說，礦物度低於每公升 100 毫克的礦泉水適合用來泡茶。

冰川水也能泡茶

另外，有一種在 19 世紀才開始正式投入生產的水，近年也流行用來泡茶，那就是冰川水。冰川水有一個特點，就是氘的濃度低，而低氘水又被稱做「輕水」。相比起氘濃度高的重水，輕水較容易滲透茶葉，有利於萃取當中的味道和營養。雖說冰川水是近代才正式生產，但用融冰水泡茶在古代早就有跡可尋。例如唐代詩人白居易的詩賦中有「融雪煎香茗，調酥煮乳糜」和「冷咏霜毛句，閑嘗雪水茶」；唐代詩人陸龜蒙有「閑來松間坐，看煮松上雪」；北宋詩人李虛己有「試將梁苑雪，煎動建溪春」；南宋詩人徐照有「石縫敲冰水，凌寒自煮茶」；南宋詩人陸游有「雪液清甘漲井泉，自攜茶灶就烹煎」。

唐代的政治家張又新在其著作《煎茶水記》中，記述了宗親李季卿問茶聖陸羽推薦泡茶用的泉水，陸羽一口氣順序列舉了 20 個，前 19 個是不同地方的泉水，然後說「雪水第二十，用雪不可太冷」。可見雪水在茶聖的心目中也有一席位，而根據他的排序，也許「山水上、雪水次之、江水中、井水下」會更貼切。清代皇帝乾隆也十分喜愛茶，據說鐵觀音茶也是由他命名的，而他所著作的詩賦更有二百多首是與茶有關，而當中的《三清茶》更是關於雪水泡茶，「梅花色不妖，佛手香且潔。松實味芳腴，三品殊清絕。烹以折腳鐺，沃之承筐雪」，意思是以雪水泡製以梅花、松實、佛手為材料的茶，無論色、香、味都清新無比，所以叫做三清茶。清代小說家曹雪芹著作、中國四大名著之一的《紅樓夢》，也有賈寶玉品茶櫳翠庵的情節，庵主妙玉用收藏五年的梅花雪水，泡製出清淳無比的茶。而賈寶玉也有「卻喜侍兒知試茗，掃將新雪及時烹」的詩句。

如何挑選泡茶用水

從上述多個典故可見，水對茶的重要性一直備受重視，自古以來一直如是。而礦物質含量偏低的天然水，例如山泉水、冰川水或礦泉水，都普遍適合泡茶。不同種類的茶對水的要求都不一樣，而不同種類的茶葉，與各種礦物質也會產生不同程度的協同效應，例如適量的礦物質鎂有助提升普洱的回甘。不過，茶種與礦物質的協同效應其實很難一概而論，因為中國的茶種實在太多了，單說普洱，可以按照年份分為新茶、中期茶、舊茶、老茶，然後按照發酵工藝、製法、存放方法、出產時節、產地等等又可以再作細分，這些不同種類的普洱茶，各具特質，因此用水也會有所不同。

儘管如此，泡茶選用水的理論和方向性指引還是有的。例如，沖泡味道較濃厚的茶，可以用礦物度略高一點點的水，例如 TDS 低於每公升 150 毫克的水。而沖泡味道較淡的茶，用礦物度偏低的水會較合適，例如 TDS 低於每公升 100 毫克的水。另外也要留意，礦物質鈣和鐵的含量要愈低愈好，因為鈣呈苦澀味，鐵更帶有鐵鏽味，這些味道都不利於泡茶。

無論如何，可以肯定的是，用不同的水泡茶，會創造出不到的結果，無論眼觀茶色、鼻聞茶香、口嚐茶味，都有很明顯的分別。

總結：泡茶用水不能一概而論，根據茶葉的品種會有不同。整體來說，礦物質含量偏低的山泉水和冰川水會是不錯的選擇。

chapter 3

為甚麼泡茶要用熱水？

廣東人素有「水滾茶靚」的說法，彷彿水温不夠熱就泡不出一壺好茶來。而事實上，用熱水泡茶的確是有好處的，尤其有助提取茶葉中的物質和營養，令到茶的香氣和味道更加濃郁。明代的茶人和學者許次紓在其著作《茶疏》中說：「茶滋於水，水藉乎器，湯成於火，四者相須，缺一則廢」，說明了要泡製一杯好茶，茶葉、水、茶皿和控制火候溫度，四者需要相配合，缺一不可。明代文人田藝衡在其著作《煮泉小品》中說：「有水有茶，不可以無火。非無火也，失所宜也」

茶聖陸羽的《茶經》中更有三沸論：「其沸，如魚目，微有聲，為一沸；緣邊如湧泉連珠，為二沸；騰波鼓浪，為三沸；已上，水老，不可食也。」陸羽認為水的溫度會影響茶，要泡製出好的茶，掌握水的溫度十分重要，而三沸論提出了以目測來辨別水的溫度狀態。將水煲至水面開始出現魚眼般大小的水泡，並發出微微聲響，為之一沸；當水面緣邊位置也開始出現如湧泉般水泡，為之二沸；當水泡開始像波濤洶湧般翻騰，為之三沸；三沸過後的水不宜泡茶。

用熱水泡茶的科學解釋

古往今來一直都非常重視水温對泡茶的影響，至於為甚麼泡茶要用熱水，其實可以從科學的角度來解釋。煲水時要用到火，火的熱力會產生和傳遞熱能，熱能被水分子吸收，當火所釋放的熱能不斷累積和增加時，水分子吸收了過多的熱能，便會以水泡的形式將熱能傳遞到水面，然後水泡爆破，將熱能釋放到空氣之中，這就是煲水時出現水泡的由來。

水的温度會影響水分子的運動快慢，煲水時水的温度高，水分子吸收熱能，水分子的運動會變快。要證明熱水的水分子運動較快，活

熱水從針孔滴漏出來的速度比冰水快

動能力較強，可以做一個簡單的實驗。先準備兩隻紙杯和兩隻透明玻璃杯，在兩隻紙杯的底部各戳一個大小一樣的針孔，將紙杯各自放在一隻透明玻璃杯上面，一隻紙杯倒進熱水，另一隻紙杯倒進冰水，然後觀察熱水和冰水從針孔滴漏出來的速度。倒進同等分量的水，由於熱水的水分子運動較快，熱水從針孔滴漏出來的速度比冰水快。

水温對泡茶的影響力

熱水可以令水分子的能量水平和活動頻率都增加，因此會加快水分子滲透和分解茶葉，有利於萃取茶葉中的物質和營養。同時，水分子會將熱能傳遞到茶葉，熱能又會加速茶葉的膨脹，促使茶葉釋出所含的物質，令茶汁出得更快、更濃，達到更佳的萃取水平和效果。因此，相比起冷水，用熱水浸泡茶葉所需的時間短得多，浸泡一分鐘左右就能享用了，水蒸氣帶動茶的香氣徐徐升起，而茶的顏色、味道和特質也能夠更有效地萃取和呈現在茶湯之中。

除此之外，熱水也可以分解茶葉中殘存的農藥，亦會將茶葉中的咖啡因和單寧釋放出來，而這些物質在第一泡茶的含量最濃，因此第一泡茶通常會倒掉不喝，除了可以避免過重的單寧苦澀味外，同時可以避免喝下太多咖啡因甚至農藥。

其實，用冷水也可以泡茶，所以市面上也會有「冷泡茶」這種產品。冷水浸泡茶葉也可以製作出茶，只不過時間會較長，因為在缺乏熱能的支持下，水分子的活動頻率較低，水分子需要更長時間才能滲透到茶葉，溶解及釋放茶中的物質和營養，所以萃取的效率較低。而冷泡茶所萃取的茶葉物質在程度上不一樣，所以風味和熱水泡的茶也完全不一樣，也沒有熱水泡出來的茶香。不過，製作冷泡茶時要留意，茶葉浸泡的時間不宜太長，時間要控制得宜，否則味道容易變苦澀，甚至不知不覺間茶葉過度浸泡，導致茶葉腐壞，出現滋生細菌的風險問題。所以，冷泡茶往往需要放到雪櫃冷藏，除了在溫度上要配合產品名稱，也要預防茶葉腐壞。

用熱水泡茶，也不是愈熱愈好，要注意溫度不能太高，以免過熱破壞茶葉中的物質和營養，甚至破壞茶湯的口感。所以，陸羽說「三沸已上，水老，不可食也」，一般建議泡茶水的溫度不要高於 90℃為佳。

總結：熱水會增加水分子的活動頻率，有助滲透茶葉，提昇茶葉的萃取。

chapter

寵物用水分享

水是生命之源，是萬物賴以為生的重要元素。除了人類之外，寵物的生存和成長都需要水，水對寵物也是非常重要的。那麼，究竟寵物每天需要喝多少水？而市面上各式各樣的水，甚麼種類的水才適合寵物喝呢？為了寵物的健康，要注意為牠們挑選合適的水。其實，不同種類的寵物對水的需求也不同，狗和貓是比較多人飼養的種類，屬於主流寵物，本文主要集中探討狗和貓的飲用水。

適合狗隻飲用的水

狗隻每天都需要吸收一定分量的水分和礦物質，為日常活動的能量消耗提供補充。狗隻在不同年齡階段和身體狀況所需要的補充會有所不同，這點和人類非常相似。例如，幼犬在體重開始增長的階段，熱量消耗是同種成年犬的兩倍，所需要的補充自然也不同。而上了年紀的老年犬隻，由於體力活動減少，新陳代謝也會減慢，老年犬隻比中年犬隻的熱量消耗會少約 20%。而正在懷孕及哺乳期間的母犬，在維持自身所需之外，同時要為幼犬提供礦物質營養和水分，因此需要攝取的分量也會較多。

在各種礦物質中，狗隻需要吸收較多的鈣質，每日需要攝取大約1000 毫克的鈣質，以維持骨骼和牙齒健康，如果持續缺乏鈣質，會增加狗隻患上甲狀腺功能亢進症的風險，影響狗隻健康。除了鈣質外，狗隻亦需要攝取鉀、鎂、鈉等礦物質，每日所需攝取量分別大約為1000 毫克、150 毫克和 200 毫克，以維持神經系統、脈衝傳遞、肌肉收縮、細胞信息傳導等重要機能。因此，狗隻適合飲用礦泉水，為狗隻的身體補充礦物質。一般來說 TDS 200mg/L 左右的礦泉水適合狗隻飲用。

相比起貓，狗隻算是比較好動，因此，狗隻對水分的需求，也會比貓多，而且對水的需求量也隨着活動時的能量持續消耗而增加。一般而言，狗隻每日喝水量的計算應該與體重掛鈎，計算方法是每公斤體重喝 40 毫升。例如體重 5 公斤的小型狗隻每日喝水量約為 200 毫升，體重 15 公斤的中型狗隻每日喝水量約為 600 毫升，體重 20 公斤的大型狗隻每日喝水量約為 800 毫升。

以上是一般情況下的建議喝水量，狗隻對水的需求會受其他因素影響。除了年齡階段和身體狀況等因素之外，環境因素也影響狗隻對水的需求量。例如在夏天炎熱天氣之下，狗隻活動時的能量消耗可以增加一倍或以上，而對水分及礦物質補充的需求，自然也會隨之而增加。所以，無需太過擔心狗隻的喝水量比建議的多或少，狗隻會按照自己的身體需要而行動，渴了自然會去喝水，主人只要確保水盤有足夠的水供應。

適合貓隻飲用的水

至於貓隻，其實貓不太喜歡喝水。貓的祖先是由沙漠動物進化，沙漠動物能適應甚至習慣在缺乏水的環境下生存，也許因為有着沙漠動物的基因，貓對水並不會太渴求，貓每吃 1 克乾糧只需要喝大約 2 毫升的水。

貓給人的感覺總是懶洋洋的，不太喜歡活動，也許如此，貓身體的水分消耗量低，貓每日的喝水量相比起狗來得少。例如貓隻 24 小時內只會消耗及轉化體內大約 6% 的水分，但對狗隻而言，消耗及轉化同等分量的水只需要一個小時。貓隻對水的不渴求會增加患尿結石的風險，主人要確保貓的水盤長期有水，確保牠需要喝水時，隨時有水供應。不要因為貓隻喝水少，就不定時供給水。

一般而言，貓隻每日建議喝水量的計算是每公斤體重喝 30 毫升。例如體重 2 公斤的小型貓隻每日喝水量約為 60 毫升，體重 4 公斤的中型貓隻每日喝水量約為 120 毫升，體重 6 公斤的大型貓隻每日喝水量約為 180 毫升。

相比狗隻，貓隻對礦物質的需求量也是較低，例如每日只需要攝取大約 180 毫克鈣質、25 毫克鎂、42 毫克鈉，以維持骨骼及牙齒健康，和維持神經系統、脈衝傳遞、肌肉收縮、細胞信息傳導等機能。和狗隻一樣，吸收過多的礦物質也會為貓隻帶來健康風險，例如吸取過多的鈣和鎂會令貓隻患上尿結石。人類攝取了超出身體所需的礦物質時，身體會有機能去儲存或排走。但貓隻在這方面的能力則比較弱，這可能與貓隻的活動量較少，代謝較慢有關，所以貓隻的礦物質攝取量要小心控制。因此，貓隻適合飲用礦物質含量低的山泉水或冰川水，一般來說 TDS 不超過 100mg/L 的水適合貓隻飲用。

挑選寵物飲用水的其他考慮因素

以上提及的寵物每日礦物質建議攝取量，是在一般情況下維持健康所需為前提。至於寵物的實際所需會因應年齡、體形、重量、成長階段、活動量等因素有所不同，而一些外在因素例如環境和天氣也會有所影響。不過，寵物的建議礦物質攝取量有助了解寵物身體所需，還是有一定參考價值，為寵物選擇合適的飲用水時可以作為依據。

謹記千萬不要貪一時方便，給寵物喝俗稱的「生水」，未經煲滾的自來水，因為水中或會含有細菌、微生物或重金屬，讓寵物直接飲用並不衞生、不安全。我們本身不會喝未經煲滾的自來水，也不應該給寵物喝。至於應該給寵物喝甚麼水，煲滾的自來水、過濾水、蒸餾水等，都可以給寵物喝，不過，由於不含礦物質營養，長期供寵物飲用並不理想。建議可以選購一些礦物質含量較低的礦泉水、山泉水、冰川水給寵物。也許是動物和大自然的連繫和本能，動物傾向喜歡喝天然水，礦泉水、山泉水、冰川水屬於天然水，適合動物飲用。如果家中寵物有少喝水的問題，不妨嘗試轉用礦泉水、山泉水、冰川水做寵物飲用水，而這些水中的礦物質亦是寵物身體所需。

為寵物挑選飲用水時要注意，要選擇礦物質含量較低的軟水。寵物不適宜飲用礦物質量高的硬水。同時，也要考慮寵物會否從喝水以外的其他途徑吸收礦物質，以及牠們吸收的分量，例如糧食和補充劑等，以免過量吸收，對寵物的身體造成負荷，反而增加寵物患病的風險，危害寵物的健康。

另外，主人要確保長期有水供應給寵物，而水盤的水最好每 12 小時換一次，無論如何不應超過 24 小時也不換水，定時換水可以避免塵埃和細菌隨着時間在水盤積聚，另外寵物喝水時的口水殘留，也會增加細菌滋生的風險，影響寵物飲用水的水質。

總結：一般而言，狗隻適合飲用 TDS 200mg/L 左右的礦泉水，貓隻適合飲用低礦物質含量的山泉水和冰川水。

chapter

怕水土不服，旅行要帶水嗎？

在繁忙的都市，成人有工作壓力，兒童考試測驗也有學習壓力。在難得的假期，很多人都會選擇一家大小一起去旅行，紓緩壓力，放鬆心情。去旅行當然想玩得盡興，不希望身體不適，萬一不幸生病了，人生路不熟要找醫生也是一件麻煩的事情，而且旅行只有短短數天，一家人不能去玩要在酒店休息，也是十分掃興。

所以，不少人出發去旅行前都會做足準備，例如先了解當地的風土病，預先打好疫苗，令身體產生免疫力；例如去印度前，會先接種甲型肝炎、傷寒等疫苗。另外，也有人為免因為水土不服而引致痾嘔肚痛，特別是去衛生環境和設備較落後的地方，更會在出發前預先準備好一支一支在家中裝好的食水，乾脆連家中食水一起帶去旅行，特別是有小朋友的家長，行李再重也要把自家水帶過去，覺得這樣最安全，不用擔心水土不服的問題了。

自行帶水沒有必要

去旅行要避免水土不服，真的有必要自己帶水嗎？首先，要了解一下水土不服是指甚麼狀況。當我們未曾在某個地方生活過，由於未曾接觸過當地的一些細菌或病毒，身體沒有產生相應的抵抗力，如果在旅行時不慎接觸到這些細菌或病毒，例如進食時或飲用開水時，由於身體缺乏相應的抵抗力，便容易出現不適，較常見的是痾嘔肚痛、暈眩、四肢乏力等，這就是水土不服的狀況。

其實，去旅行沒有必要自己帶水。很多國家都有就飲用水定立安全標準及監察制度，自來水更是由國家政府供應，水中含菌量足以令身體不適的可能性其實並不高。當然，如果真的擔心，去到當地才買一些蒸餾水或純淨水就可以了。蒸餾水或純淨水經過加工處理，水中所有物質、重金屬、細菌、病毒等，都已經去除，是單純的 H_2O 純水，就不用怕會水土不服了。不同品牌的蒸餾水或純淨水的製作方法或會略有不同，可以選購當地一些比較知名的大品牌，這些品牌有一定的資源和規模，出品會相對有保證。

曾經聽說過有人出差去印度一個月，怕會水肚不服，引致身體不適，影響工作，但又總不能帶一個月分量的水上飛機，於是，他乾脆來個「三軍未動，糧草先行」，預先在香港訂購大量蒸餾水，再運去在印度入住的酒店，那就不用怕水土不服了。其實，實在沒有必要這樣做，在當地買蒸餾水就可以了。香港的蒸餾水，是去除所有其他物質的 H_2O 純水。印度的蒸餾水，也是去除所有其他物質的 H_2O 純水。從化學的角度來說，兩者都是單純的 H_2O 純水，是完全沒有分別的。所以，實在沒有必要大費周章，預先準備蒸餾水，在當地買就可以了。

水的重量不輕，要自行攜水去旅行真的不方便，更何況實在沒有必要這樣做。其實，相比起飲用水，食物更容易令人水土不服。食物本質、保存方法、烹煮調味方法、餐廳衛生環境、服務員個人衛生等等各種因素，都有機會令食物帶有細菌，進食這些食物，出現水土不服的機會也較大。所以，做好一些預防措施，例如打疫苗、帶備藥物、做足防蚊蟲措施、勤洗手、多注意個人衛生等，都能預防水土不服。帶水旅行就真的沒有必要，買當地的蒸餾水或純淨水就可以了。

總結：旅行無需攜帶飲用水，如果擔心水肚不服，可以購買當地的蒸餾水飲用。

4

破解水的謬誤

chapter

醫生：礦泉水會導致腎結石

礦物質對人體健康的影響，一直受到一定程度的關注，當中也包括礦物質對健康的負面影響。我在演講時常有聽眾會問一個問題：「醫生或營養師說喝礦泉水會導致腎結石，這是真的嗎？」而在網絡世界上，也的確可以搜尋到一些醫生或營養師撰寫關於喝礦泉水會導致腎結石的文章。

腎結石是如何形成的

腎結石是一種固體結晶物質，主要由草酸鈣、尿酸、草酸鹽、磷酸鹽等成分組成。當尿液中存在過多上述的物質，而這些物質的濃度超過了尿液的可溶解能力時，物質便會開始進入飽和狀態，然後結晶形成微小的結晶核。隨着時間的推移，物質持續積聚，會令結晶核逐漸形成更大的結晶，這些結晶通常會黏附在腎臟的表面或黏膜上，形成固體的腎結石。腎結石可以在腎臟、膀胱或尿道中形成。腎結石的大小，由沙粒般細小到高爾夫球般大顆不等，而細小的腎結石可以隨尿液排出體外。腎結石是一個非常普遍的疾病，然而發病率有上升的趨勢，而病患在 5 年內的復發率高達 50%，即是每兩名腎結石的病患者，便有一名會在 5 年復發。

那麼，為甚麼醫生或營養師會說礦泉水會導致腎結石呢？關於這說法，較普遍的理據是組成腎結石的物質當中有鈣，而礦泉水中含有鈣質，因此礦泉水被認為是導致腎結石的元兇之一，因為礦泉水中的鈣是腎結石的組成部分。不過，只要細心想想，這說法有點奇怪，同樣都是鈣質，為甚麼經食物吸收鈣質沒問題，喝牛奶也沒問題，甚至連服食鈣片都沒問題，唯獨是喝礦泉水會導致腎結石呢？

曾經有個缺鈣的人士聯絡過我，他希望通過改變飲用水的習慣，改善健康，想諮詢我的意見，他也向我提出礦泉水會導致腎結石的憂慮。他曾經去看醫生，而該醫生就他缺鈣的情況，給他處方俗稱鈣片的鈣質補充劑，並告誡他千萬不要喝礦泉水，避免導致腎結石。

礦泉水與腎結石關係的權威研究

那麼，喝礦泉水真的會導致腎結石嗎？關於這個謎思，其實一些世界權威組織早已經釐清。美國國家生物技術資訊中心 (NCBI) 公布了一份 1997 年的臨床研究報告，這項研究就男性及女性腎結石患者各 20 名，男性及女性健康志願者各 20 名進行了臨床測試。首先，所有參加者連續三天飲用礦泉水，再收集 24 小時尿液樣本，然後轉飲自來水，同樣收集 24 小時尿液樣本作對照，每個參加者重複以上測試最少兩次。結果發現，飲用礦泉水比自來水能更有效排走草酸鹽和草酸鈣。另外，這項研究也發現，飲用礦泉水有助通過檸檬酸鹽螯合和排走鎂離子和鈣磷石，而飲用自來水則沒有這個效益。此外，研究發現飲用礦泉水的功效在男性腎結石患者的群組效果最為明顯，而這項研究的結論是礦泉水應該被考慮用作治療或預防腎結石。

此外，世界衞生組織 (WHO) 在 2009 年發表一份報告，闡釋了礦物質的吸收與患腎結石的風險關係，是視乎礦物質攝取的途徑。這份報告確立了循日常飲食途徑攝取鈣質，可以減低患腎結石的風險，當中包括礦泉水。因為礦泉水中的鈣質在小腸可以預防食物中的草酸結合，而草酸就是腎結石的雛形。反之，服用鈣質補充劑會增加患腎結石的風險。這份報告的名稱是"Calcium and Magnesium in Drinking Water"，可以在網上搜尋得到。

認清導致腎結石的元兇

其實，服用鈣質補充劑的風險並不難理解。首先，鈣質補充劑屬於礦物質副製成品 (mineral byproduct)，不同品牌的補充劑的製作方法和所添加的物質都不同，過程是否添加了有利腎結石生成的其他物質，因此引起健康風險，一般民眾很難清楚明白。而礦泉水中的礦物質是天然的礦物質，沒有添加任何其他物質，因此沒有其他的健康風險。另外，鈣質補充劑的本質是固體，服用時鈣固體若果未完全溶化，會增加因鈣固體在體內殘留、積聚、結合而形成結石的風險，相反礦泉水的礦物質已溶解於水中，不存在鈣固體殘留的風險。

所以，如果醫生或營養師建議病患不要喝礦泉水，但卻處方鈣質補充劑給病患，這做法無疑是顛倒是非、歪曲事實，與世界衛生組織的報告內容背道而馳。

至於那位向我提問的缺鈣人士，我花了半個小時解釋美國國家生物技術資訊中心和世界衛生組織的報告，解釋了喝礦泉水不但不會導致腎結石，更可預防患腎結石，而服用醫生處方的鈣片反而會增加患腎結石的風險。但基於我和該醫生的說法有極端性的差異，他聽後的表情半信半疑。我不知道他最後會選擇按照醫生的建議服食鈣片，還是我這個品水師的建議喝礦泉水。但如果我是他，也許還是會選擇按照醫生的建議吧，畢竟我們從小就被灌輸有病要看醫生的觀念，醫生被塑造成不會錯的形象，而醫生說的話也成了金科玉律，醫生處方甚麼藥物我們就吃甚麼，從不過問。而這正是令人憂慮的地方，醫生也是人，不可能甚麼事都懂。

總結：喝礦泉水不但不會導致腎結石，更可預防患腎結石。

chapter

營養師：有氣水對健康無益

有氣水是很受歡迎的飲品，特別是冷藏過的有氣水，冰涼的氣泡經過口中躍動再流進肚子，確是透心涼。不但解渴，更是零糖、零脂肪、零卡路里，確是不錯的飲品選擇。但是，有些人對喝有氣水感到憂慮。有氣水的製作方法，是在水中加入二氧化碳，把二氧化碳喝進肚子，感覺總是怪怪的。而且，有氣水和含高糖分的汽水在名稱和發音上非常相近，而汽水也是有氣的，令人覺得兩者是類近的產品，喝有氣水驟聽好像是喝汽水，感覺也不太健康。

另外，也聽過一些關於有氣水會危害健康的說法。例如有氣水的酸性會腐蝕牙齒和導致骨質疏鬆，也聽過有氣水的氣泡會導致腸胃不適的說法。此外，曾經聽過有營養師告誡不要喝有氣水，說有氣水對健康無益，因為有氣水中含有碳酸。這位營養師認為碳酸是一種有害的物質，碳酸這名字，又碳又酸的，驟聽感覺的確不太健康。

有氣水真的對健康無益嗎？

其實，我經常鼓勵人喝有氣水，特別是有氣礦泉水。對於以上關於喝有氣水的憂慮，可以說是完全沒有必要的。首先，關於有氣水的酸性會腐蝕牙齒、導致骨質疏鬆的說法，不曉得是從何以來，但可以說是無稽之談。以有氣礦泉水為例，一般而言酸鹼度介乎 5.5 至 6.5 之間，雖然是屬於酸性，但並不是强酸性飲品。相比之下，咖啡、啤酒、果汁、汽水，甚至是公認為健康的檸檬水，這些飲品的酸鹼度都比有氣礦泉水低，具更强的酸性。

不同飲品的酸鹼度

飲品	酸鹼度
有氣礦泉水	一般在 5.5 至 6.5 之間
咖啡	一般在 4 至 5.5 之間
啤酒	一般在 4 至 5 之間
果汁	一般在 3 至 4 之間
汽水	一般在 2.5 至 3.5 之間
檸檬水	一般在 2 至 3 之間

所以，有氣水的所謂酸性，相比起其他飲品，可以說是微不足道。相信很多人每天都會喝咖啡、啤酒、果汁、汽水、檸檬水等的飲品，而喝這些飲品的數量會比喝有氣水來得多吧。這些飲品的酸性都比有氣水强，與其擔心有氣水的酸性會腐蝕牙齒，導致骨質疏鬆，少

喝點咖啡、啤酒、果汁、汽水、檸檬水會更為實際。

至於有氣水會導致腸胃不適這個說法，對於本身有腸胃敏感問題的人士，喝有氣水的氣泡或會刺激腸胃，的確較容易引起胃脹問題。但是對於腸胃健康的人士來說，喝有氣水不但不會導致腸胃不適，更可以促進腸道蠕動，有助排便的功效，如果水中含有豐富的礦物質鎂和硫酸鹽，協助排便的效果會更佳。

正確了解碳酸

至於營養師所說的碳酸，不但不是有害的物質，更是一種有益健康的物質。要知道碳酸是甚麼，我們先要了解碳酸的由來。有氣水中的氣泡，是在水中加入二氧化碳產生的，坊間一些可以製造氣泡水的機器，功能就是在水中注入二氧化碳，二氧化碳在水中溶解後，便會生成氣泡。水 H_2O 和二氧化碳 CO_2 的結合，會形成 H_2CO_3(carbonic acid)，而 H_2CO_3 的中文名稱便是碳酸了。

碳酸有一個很重要的功能，就是協助身體調節酸鹼的屬性。我們身體的各種體液，有的屬酸性，有的屬鹼性，例如胃液、尿液、唾液，都屬酸性，血液、膽汁、胰液，屬鹼性。體液的酸鹼屬性會自我調節，這是我們與生俱來的身體機能。而支持這酸鹼調節機能的電源，就是碳酸了。當酸鹼調節運作得宜，那麼該酸的體液會保持其酸性屬性，該鹼的體液會保持其鹼性屬性，這對健康非常重要。

碳酸在人體維持酸鹼平衡的緩衝系統中發揮重要作用，以血液為例，血液的酸鹼度具有極高的穩定性，必需控制在 7.35 到 7.45 之間。當血液的酸鹼度受到身體的其他鹼性代謝產物影響，令到血液有進一步鹼化的風險時，碳酸便會中和這些鹼性代謝產物，令到血液的酸鹼度維持穩定。相反，當血液的酸鹼度受到其他酸性代謝產物影響而出現變酸的風險時，碳酸氫鹽 (bicarbonate) 便會中和這些鹼性代謝產物，令到血液的酸鹼度維持穩定，而有氣礦泉水除了含有碳酸外，往往也含有豐富的碳酸氫鹽。

有氣水對健康影響的臨床研究

所以，碳酸不但不會對人體構成任何危害，更是協助身體發揮酸鹼調節機能的重要物質。因此，相比起無氣水，喝有氣水可以獲得額外的健康助益。而有氣水對健康的好處，也許比想像的更多。西班牙科學研究委員會在 2004 年發表一份研究報告，這項研究就 18 名已停經的健康女性志願者進行測試，目的是研究飲用有氣礦泉水對停經後女性的生理影響。測試方法是，所有志願者每天飲用 1 公升的低礦物質含量的無氣礦泉水，持續飲用 2 個月。然後，改為每天飲用 1 公升的高鈉含量的有氣礦泉水，持續飲用 2 個月。完成以後，測量體重、身高、血壓和身體質量指數 (BMI)，並抽取血液樣本進行血清分析。結果發現，飲用高鈉含量的有氣礦泉水，對心血管疾病風險指數和空腹血糖濃度有顯著改善，而結論是，高鈉有氣礦泉水對預防心血管疾病和代謝症候群有正面作用。

但也要留意，有氣水有不同的種類，要懂得分辨。例如屬於淨化水 (processed water) 的梳打水和湯力水，以及屬於天然水 (natural water) 的有氣礦泉水，建議多喝有氣礦泉水，因為除了碳酸外，也含有天然的礦物質營養素，對健康的效益最好，但價錢往往會貴一點。而梳打水和湯力水的價錢會相對便宜，但卻缺乏礦物質營養，生產時往往會添加一些其他物質來增加風味。例如生產湯力水時更會添加糖，以減低奎寧的苦澀味。所以要留意產品標籤，了解添加的物質和分量。

總結：有氣礦泉水不但對健康無害，更有助身體發揮酸鹼調節的機能。

chapter

鹼性水可以中和酸性體質

液體有酸、鹼的屬性，飲用水也不例外，可以用酸鹼度來區分水屬酸性或鹼性。不同種類的飲用水，因為酸鹼度不同會呈酸性、中性或鹼性。市場上有推銷「鹼性水」這種產品，聲稱長期飲用鹼性水有多種健康效益，甚至對癌症有預防或治療作用，而鹼性水對健康有益的說法，普遍獲大眾接受，因此市場有推出多種鹼性水相關的產品，例如可調節酸鹼度的濾水器設備和樽裝鹼性水，而那些定位做健康產品的飲用水品牌，都爭相標榜產品屬鹼性，鹼性水因此大行其道。

相比之下，屬酸性的水則被視為對健康有害，長期飲用會令身體「變酸」，酸性體質被視為醞釀疾病的源頭，當中包括癌症，而鹼性水可以中和身體的酸性，改善酸性體質，從而預防甚至改善疾病。究竟何謂酸性體質，卻無解釋清楚，也沒有清晰具體的定義和標準。

酸性體質實屬子虛烏有

其實，酸鹼度的設計是用來量度液體中氫離子和氫氧根離子的濃度。所以，酸性或鹼性的量度對象是液體，例如水、血液、胃液、飲品等等。而鹼性水可以中和酸性體質這句說話，在科學的邏輯上是無從稽考的。用酸性或鹼性來量度體質，就好比用厘米來量度體重、用公斤來量度速度，是完全無法成立的。

網上有些文章說，酸性體質是指血液的酸鹼值低於 7.35。身體的調節機能會將血液的酸鹼值控制在 7.35 到 7.45 之間，所以血液的酸鹼值是十分穩定的。如果血液的酸鹼值低於 7.35 時，一般稱為酸中毒，而酸中毒可以說是疾病，而不是一種「體質」。除了酸中毒外，也會有鹼中毒的情況，當血液的酸鹼值高於 7.45 時，一般稱為鹼中毒。酸中毒或鹼中毒的成因，往往是身體的調節機能出現問題，與所飲用的水屬酸性或鹼性並無關係。所以，喝酸性的水並不會引起酸中毒，喝鹼性的水也不會引起鹼中毒，而喝鹼性的水更不能「中和」酸中毒的情況。

鹼性水並不會對健康帶來額外益處，而鹼性水可以中和身體酸性更是無稽之談。試想一下，水喝進肚子首先會到達胃部，接觸到胃液，胃液屬於強酸性，如果鹼性水真的可以做到所謂的中和酸性，那麼它首先會中和胃液的強酸性，當胃液變得不夠酸或不再酸，會嚴重影響胃部的消化能力，對整個消化系統造成嚴重損害，情況會相當不妙，對健康會有嚴重影響。在人體的消化系統中，消化物因接觸到胃液而殘留的酸性，是由十二指腸調節中和，而不是靠鹼性水。

順應酸鹼本質才是健康之道

我們身體的各種體液，有的屬酸性，有的屬鹼性，例如胃液、尿液、唾液屬酸性，血液、膽汁、胰液屬鹼性，而健康的身體應該是該酸的地方要酸，該鹼的地方要鹼，並沒有完全是酸或完全是鹼的身體。而體液的酸鹼平衡是經由身體的自我調節機能控制，所以，健康的着眼點應該放在如何維持身體調節酸鹼的機能正常運作，而不是飲品的酸鹼度。不是鹼性的水就一定是好，酸性的水就一定是不好。相比起水的酸鹼度，更值得留意的是礦物質含量，因為礦物質正是幫助我們身體發揮調節機能的「電源」，是我們身體的必需品。

世界衛生組織在 2007 年發表了一份報告，當中提及飲用水的酸鹼度對健康的影響。報告提及雖然強酸性或強鹼性的飲用水都具有腐蝕性，但單憑酸鹼度並不能斷定對健康的影響，例如喝 pH 2.4 的檸檬汁或 pH 2.8 的醋都不會對健康有負面影響。pH 值或會在其他方面對水質造成間接的影響，例如強酸性或強鹼性的腐蝕性會令水喉管道中的金屬物質剝離並混入水中，因此影響水質。另外，強酸性或強鹼性的腐蝕性也會影響添加氯或臭氧的消毒效率，消毒不充分容易造成細菌或病毒殘留水中，也會影響水質，但飲用水的 pH 值對健康並無直接影響。報告的結論是沒有必要就飲用水的 pH 值提供健康指引。這份報告的名稱是“pH in Drinking-water”，可以在網上搜尋得到。

鹼性飲食騙局

所以，市場上那些關於鹼性水的健康效益宣傳，多屬以訛傳訛。美國一位提倡鹼性飲食的狂熱分子羅伯特· 楊格 (Robert O. Young) 被法庭判處入獄，他是暢銷書“The pH Miracle：Balance Your Diet, Reclaim Your Health”的作者，而該書的內容正是提倡鹼性飲食可以中和酸性體質。他主張體內的酸性是疾病的源頭，並以此作招徠，為多個重病或垂死的患者提供鹼性飲食作治療方案，並收取昂貴的治療費用，當中包括每次 500 美元的靜脈注射，以及每晚價格從 1295 美元到 2495 美元不等的住宿治療。

他在 2014 年因刑事犯罪被拘捕，地方檢察官稱他做鹼性騙子 (wizard of pHraud)，並指他是一個向絕望、垂死的病患兜售偽科學來賺錢的江湖騙子。高等法院法官表示，他的理論將極其複雜的科學過於簡化，指他不但騙走了末期病患的金錢，更騙走了他們的寶貴時間。而他的學歷被發現偽造，例如於 1995 年僅用了大約 8 個月時間便快速地由學士學位變成了博士學位，但他的實際學歷是高中畢業。他承認在未經任何醫學或科學訓練下非法治療病患，亦公開承認自己不是微生物學家、血液學家、醫學、自然療法醫生，或受過專業訓練的科學家。最後他因兩項無證行醫罪被定罪，判處 3 年 8 個月監禁。

廣泛流傳的鹼性水益處其實沒有科學根據，也未得到世界權威組織的認可，日常生活中的飲用水不要太酸或太鹼就可以了。

總結：人的體液各有酸或鹼的屬性，該酸的要酸，該鹼的要鹼，才是健康之道，不應盲目追求鹼性。

chapter

喝硬水會導致脫髮

有朋友跟我說，他在加拿大住了幾個月，當地的自來水是硬水，喝了幾個月便發生脫髮問題。後來他返回香港生活，本地的自來水是軟水，喝了之後，脫髮問題就消失了。他的脫髮問題在加拿大喝硬水後發生，回到香港喝軟水就停止了，所以他認為，硬水與他的脫髮問題有關，喝硬水是導致脫髮的元兇。後來，我發現很多人都有像這位朋友的相似經歷，言之鑿鑿，說飲過外國供應的硬水就出現了脫髮問題，返港後，喝香港的自來水，脫髮問題就不藥而癒了。

簡單來說，硬水是指礦物質含量較高的水，而軟水是指礦物質含量較低的水。我對喝硬水會導致脫髮這個說法，感到十分奇怪，理論上，硬水中的礦物質對頭髮健康有益，若果說喝硬水會導致脫髮，情況是完全相反的。其實，一些自來水是硬水的國家，例如加拿大，當地民眾的確有硬水會導致脫髮的討論：hard water causes hair loss，不過，這意思其實是指「用硬水來洗髮會導致脫髮」，並不是指飲用硬水會導致脫髮，字眼被錯誤傳譯和理解了。

那麼，硬水真的會侵害頭髮健康和導致脫髮嗎？雖然有關於硬水會導致頭髮分叉和斷裂的說法，也有硬水中的礦物質會引起頭髮過敏，從而阻礙頭髮生長的討論，但是，這些說法目前並沒有科學實證支持。《國際毛髮學雜誌》在 2013 年發表了一份臨床研究報告，研究的題目是使用硬水洗髮和蒸餾水洗髮，分別會對髮質做成甚麼影響。臨床測試共有 15 位志願者參加，測試方法是每位志願者提供 10 至 15 條長度為 15 至 20 cm 的頭髮做樣本，所有收集得來的頭髮樣本從中間剪開，分成兩半。將一半的頭髮樣本浸在硬水之中，再將另一半頭髮樣本浸在不含礦物質的蒸餾水之中，每次測試浸 10 分鐘，測試連續重覆 30 日。結果發現，用硬水和蒸餾水的樣本，頭髮的强韌度和彈性幾乎沒有分別。這個臨床試驗的結論是：用硬水洗髮不會直接影響頭髮的强韌度和彈性。

硬水導致脫髮的真正原因

所以，硬水並不會直接對頭髮造成傷害。至於為甚麼用硬水洗髮會導致脫髮呢？原因在於硬水與洗髮液之間所產生的不良效果。洗髮液的清潔能力是來自「界面活性劑」，而界面活性劑有兩個界面，一個屬於「親油性」的界面，另一個屬於「親水性」的界面。顧名思義，親油性界面的功能就是將頭皮和頭髮中的油脂和污垢吸走，所以洗髮液可以將油脂污垢從頭髮中脫離、拉攏、吸附並包成一團團，用水沖洗時，一團團油脂污垢便隨水的流動被帶走，達至清潔的效果。而要親油性界面發揮功能，必先要滿足親水性界面的條件，即是要有水。如果沒有水，親油性界面便無法正常發揮吸取油污的功能。因此，我們在洗髮時，要先用水將頭髮洗濕，然後才可以塗上洗髮液。

至於為何硬水與洗髮液之間會產生不良效果，可以用界面活性劑的親水親油平衡（Hydrophilic Lipophilic Balance）理論來解釋。親水親油平衡理論是量度界面活性劑的親油性和親水性之間的平衡關係。硬水可以說是洗髮液的剋星，硬水中的礦物質，會在親水性界面發生離子結合作用，形成體積細小但不溶於水的浮渣，這些浮渣會積聚並沉澱，不但有堵塞頭髮毛孔的風險，也會阻礙油污結合，減弱界面活性劑的親油性，令洗髮液的清潔能力大大下降，得不到預期的清潔效果。於是油脂和污垢不斷累積，對頭髮和頭皮健康造成不良影響。

硬水使清潔劑難起泡沫

界面活性劑的親水親油平衡理論，不但可以應用在洗髮液，更可應用在所有的清潔劑，例如洗碗用的洗潔精、洗衣服用的洗衣液、洗手用的肥皂等等。美國地質調查局（The United States Geological Survey）發表了一編文章，內容指出硬水中的礦物質會與肥皂發生反應，形成不溶性的肥皂浮渣，這些浮渣會粘附在手上，使用肥皂時便較難起泡沫，而且需要用更多的水才能沖洗乾淨手上的浮渣。相反，如果使用軟水洗手，肥皂在軟水中較容易產生泡沫，而沒有了肥皂浮渣，洗手的感覺會更順滑，也可用更少的肥皂清潔雙手。有見硬水對清潔劑的不良影響，有些自來水是硬水的地方，會在供水系統先去除一些礦物質，以降低自來水的硬度。

所以，飲用硬水與脫髮並沒有關係，而是使用硬水洗髮會減低洗髮液的清潔能力，令污垢積聚，損害頭髮健康。另外，用硬水洗髮也較難起泡沫，感覺總是洗不乾淨，有些人便會使用更多的洗髮液，務求達到起泡的效果，過量使用洗髮液同樣會損害頭髮健康。如果在使用硬水的地方生活，可以選用一些針對硬水的特殊配方洗髮液，它的作用是螯合硬水中的礦物質，減少硬水對洗髮液的影響。

脫髮的原因有很多，包括壓力、荷爾蒙失調、營養不良、遺傳因素、免疫系統失調、頭皮創傷、病毒感染等，我們不應將脫髮的成因單一化，要從多方面、多角度考量，並尋求專業意見，找出脫髮的成因，才能對症下藥，正確處理脫髮問題。

總結：喝硬水不會導致脫髮，脫髮的原因是硬水碰上洗髮液產生浮渣，令洗髮液不能正常發揮去油污的功能，對頭髮健康帶來不良影響。

chapter

不可煲熱礦泉水

很多人喝水，都習慣喝煮沸過的水，水經過煮沸有殺菌效果，總是給人一種安全飲用的感覺。而且在天氣寒冷的時候，喝煮沸了的熱水，更可以暖身。

有一些習慣飲用礦泉水的人，就算是買了可以直接飲用的礦泉水回家，也要煮沸過才放心飲用。而煮沸過的礦泉水，有時會出現一些白色塊狀的沉澱物，煮沸某些品牌的礦泉水，所產生的白色沉澱物數量多得驚人，看起來更像在煮粥餬一樣，一堆白色的沉澱物漂浮水面，乍看感覺很不衞生，喝了會否有健康隱憂，是很多人的疑問。究竟煮沸過的礦泉水是否反而變得更不衞生呢？

白色沉澱物從何而來？

其實，煮沸礦泉水出現白色沉澱物，是十分正常的現象，而這個現象稱為結晶（crystallization），而這些結晶是源自礦泉水中的礦物質。

結晶的過程是在熱力的驅動下，令礦物質的化學性質成核，再逐漸形成尺寸較大的礦物質晶體。簡單來說，結晶是由溶解在水中的礦物質，結晶形成固體礦物質的過程。結晶的形成很依賴溫度，在煮沸礦泉水時，水的溫度逐漸升高，當水分子吸收熱能後，會增加水分子的運動能量，使水分子之間的活動增加，同時，本身已溶解並分散在水中的礦物質，也開始活動並聚集。然後，礦物質中的陽離子和陰離子結合，形成礦物質團簇，這過程稱為成核。成核是一個動態過程，煮沸礦泉水時水的溫度不斷增加，使礦物質團簇不停結合，到達臨界點時，礦物質團簇達到飽和，尺寸增大並形成肉眼可見的固體礦物質晶體，沉澱在水中。

所以，這些白色沉澱物，是由溶解水中的礦物質在高溫下聚集成核，然後結晶而形成的礦物質結晶體。煮沸礦泉水後，水中充滿白色沉澱物，觀感上的確有點駭人，一點也不討好，不過喝這些水其實不會對健康造成傷害，也不會有不衞生的問題，因為那些白色沉澱物，可以說是固體狀態的礦物質，而礦物質本身已存在於礦泉水中，分別只在於礦物質在煮沸前是肉眼看不見的溶解狀態，煮沸後變成肉眼看得見的固體狀態而已。

白色沉澱物的其他影響

雖然喝了這些帶有白色沉澱物的水對健康沒有直接傷害，但還是有一些不良的影響需要留意，特別是對電熱水壺的影響。如果使用電熱水壺煮沸礦泉水，要留意，注水不要超過最高水位。如果注水太滿，當水沸騰時，礦物質結晶體或會隨同沸騰的水一起飛濺到電熱水壺的底座，數量多時甚至會堵塞去水孔，增加電力短路的風險，情況嚴重可引起爆炸及火警。

另外，礦物質結晶體或會黏附在電熱水壺，如果礦物質結晶體在電熱水壺的底部過度積聚，會造成阻隔，減低電熱水壺的傳熱能力，燒水時所需的熱能和時間會因此增加，減低效能和造成不必要的耗電。所以，如果有煮沸礦泉水的習慣，要定期清洗電熱水煲電熱水壺，以免有礦物質結晶體積聚的情況。

其實，礦泉水並不需要煮沸才喝。在衞生的層面來說，礦泉水的生產是受到監管的，水質必需要達天然純淨的程度，生產過程也會進行一定程度的消毒和殺菌，而且生產是直接在水源地取水入樽，無需像自來水般連接供水系統輸送喉管，自然不用擔心礦泉水會有喉管污染的風險。因此，煮沸礦泉水殺菌是沒有必要的。在品味的層面來說，礦泉水的珍貴之處在於「天然」，煮沸礦泉水無可避免會影響水的天然溫度和特質，例如破壞了水的質感，也影響了口感，原本順滑的口感變得有點粗糙，令品嚐礦泉水的樂趣大打折扣。

煮沸礦泉水會否導致礦物質流失

另外，礦泉水中含有各種礦物質，而礦物質是礦泉水中主要的營養來源。煲煮礦泉水會否導致礦物質流失，也是很多人的疑問。煲煮礦泉水時，當水温到達沸騰點，水分會開始蒸發流失，但礦物質並不會被蒸發掉，而是殘留水中。在水分蒸發流失後減少，而礦物質殘留數量不變的情況下，變相是增加了礦物質的濃度。所以，煲煮礦泉水不但不會導致礦物質流失，其濃度反而會有所增加。

其他有害物質也一樣，例如重金屬，如果水中含有重金屬，沸水會令水分蒸發，但重金屬會殘留，濃度因而增加。有時候，煲煮的水變涼了，想喝熱水，但不想重新再燒一壺水，很多人會選擇翻煲變涼了的水。除非能確認水中不含有害物質，否則水並不適宜重覆翻煲，因為翻煲或會令有害物質的濃度愈煮愈高，喝了有害物質濃度高的水，或會帶來健康風險。

總結：煮沸礦泉水產生的白色沉澱物，是礦物質結晶，對健康無害。

chapter 4

多喝水會導致水中毒

有報章報道過一則新聞，關於喝水過多出現「水中毒」現象的過案，水喝得多真的會導致中毒嗎？作為一名品水師，由於需要鍛練味覺，我每天都會喝不同種類的水，練習捕捉不同的水的味道，以保持味覺的靈敏度。因此，喝水的數量自然比一般人多，少則一天喝 3 公升水，喝 4 公升水是等閒事，多則喝上 5 公升水也是時有發生。身邊的家人和朋友，出於關心都會問：「你每天都喝這麼多的水，就不怕會水中毒嗎」？

甚麼是水中毒

要知道喝水會否導致水中毒，我們先要了解水中毒究竟是甚麼。水中毒的現象在醫學上稱為低血鈉症。簡單來說，低血鈉症是指體內血液中的鈉離子濃度下降到異常低的水平，從而引起身體各種失調的徵狀。

當身體吸收過多的水分時，會稀釋體內的鈉和電解質的濃度，礦物質鈉和電解質的功能是協助身體水分調節和維持正常細胞功能。當體內的鈉和電解質的濃度下降，會影響到血液中的鈉離子濃度也下降。當身體嚴重缺乏鈉時，再加上不斷喝水，會出現體液失調狀況，導致水分在身體到處竄走，造成細胞腫脹，情況嚴重時，過多的水分進入腦部，影響腦部的功能和運作，繼而出現頭痛、噁心、嘔吐、乏力、精神恍惚、肌肉抽搐、認知功能障礙或昏迷等徵狀，情況嚴重甚至會死亡，但發生死亡的可能性非常低。

雖然水中毒聽起來有點可怕，但其實沒有擔心的必要，就算喝水的分量比一般人多，也不用擔心。原因非常簡單，在正常情況下，水喝得多會肚脹和有飽肚感，喝滿一肚子的水，肚子飽了脹了，便沒有喝水的意欲，自然也會停止喝水，而且身體也有排泄機能，喝了超過身體所需的水分，會通過排泄系統排出體外。

如何避免水中毒

那麼，究竟在甚麼情況下才會引起水中毒呢？通常水中毒是在短時間內不停地喝大量的水所引起的，俗稱「灌水」。至於喝多少分量的水才會引起水中毒，這視乎個人的身體狀況，並沒有一個標準數字。而比較有機會引起水中毒的，主要有三種情況。

第一種情況是劇烈運動後，體內的水分因流汗急遽流失，因而產生強烈的口渴感，由於劇烈運動已經造成體內的鈉和電解質隨汗液流失，如果在沒有補充足夠的鈉和電解質的情況下，在這個時候又大量喝水，會比較容易引起水中毒的風險。

第二種情況是參加鬥快喝水的比賽，參賽者為了勝出要在短時間內鬥快「灌水」，不但喝得狠，也喝得快，喝得急和喝得多。比賽期間在極短時間內快速「灌水」，造成體內的水分在短時間急速飆升，迅速稀釋了體內的鈉及電解質濃度，令血液中的鈉離子濃度產生急劇變化，因此容易造成水中毒的風險。

第三種情況是一些精神科的處方藥物，會產生一種副作用，令患者不斷感到口渴。由於喝水並不會令這口渴感散退，患者無論喝多少分量的水都仍然感到口渴，因此或會不自覺地在短時間內大量喝水，引起水中毒的風險。

上述是比較有機會引起水中毒的三種情況，但其實要去到發生水中毒的地步，也沒有想像之中的容易。所以，在劇烈運動後不要因為擔心水中毒的風險而避免喝水，這對身體無益，運動會造成體內的水分流失，多喝水為身體補充水分是必要的，只要在運動前、運動期間和運動後分段補充水分便可以了，只要不是在運動後短時間內不停地「灌水」，實在沒有必要憂慮水中毒的風險。

一般情況下，有規律地多喝水是不會引起水中毒的問題，例如每小時喝 250 毫升的水，早上起床、進餐、運動後可以多喝一些。像這樣的喝水規律，可以在不同時段為身體補充水分，而水分亦能有效地被身體吸收，就算喝多了也不用擔心水中毒，因為身體會儲存或排出過多的水分。與其擔心水中毒，定立一個有規律的喝水習慣會更務實。

所以，多喝水只會多上廁所，並不會引起水中毒，反而有助排毒。都市人生活繁忙，每日要喝足夠分量的水已經不容易了，要擔心水中毒，似乎想得太多太遠了吧。倒是聽過有不喜歡喝水的人，用擔心水中毒作藉口，然後減少喝水，取而代之是多喝了其他的飲品，導致攝取更多的咖啡因和糖分。相比起水中毒，似乎這是更值得憂慮吧。

總結：多喝水只會多上廁所，並不會引起水中毒，只有短時間內不停「灌水」才會引起水中毒的風險。

多 喝 水
並不會令你健康

責任編輯：蔡志浩
裝幀設計：丹　丹
排　　版：時　潔
印　　務：劉漢舉

著　者　李冠威

出　版　非凡出版
香港北角英皇道 499 號北角工業大廈一樓 B
電話：(852) 2137 2338　傳真：(852) 2713 8202
電子郵件：info@chunghwabook.com.hk
網址：http://www.chunghwabook.com.hk

發　行　香港聯合書刊物流有限公司
香港新界荃灣德士古道 220-248 號
荃灣工業中心 16 樓
電話：(852) 2150 2100　傳真：(852) 2407 3062
電子郵件：info@suplogistics.com.hk

印　刷　美雅印刷製本有限公司
香港觀塘榮業街六號海濱工業大廈四樓 A 室

版　次　2024 年 7 月初版

規　格　16 開（210mm×150mm）

ISBN　978-988-8862-44-3